前言
PREFACE

　　欢迎你打开这本书，这本书是我在上一本书《普通人也能掌握的超级记忆法》的基础上，进行修改和完善的第二本记忆宫殿相关书籍。《普通人也能掌握的超级记忆法》是一本训练册，里面每节内容之后都会有相应的练习题，而这本书则更像是一本"武功秘籍"，我通过90篇文章，把实用记忆和竞技记忆的内容都完备地表述出来。

　　对于很多想学习记忆方法的伙伴来说，可能最想了解的就是实用记忆方面的内容，如何快速背单词、如何快速背课文、如何快速背诵简答题等内容。对于实用记忆来说，我们要记忆的内容无非中文信息、数字信息和字母信息。这三类信息当中最难记忆的是中文信息。所以在这90篇文章当中，有57篇的内容都是和中文信息记忆相关的方法和案例，让你畅游在记忆法学习的海洋当中。

　　为了方便大家更好地阅读本书，我将这本书的结构给大家简单介绍一下。书本前三章是本书的重点部分，详细介绍了中文信息记忆的基础和各种方法，将记忆方法拆分为了初级方法和高级方法。初级方法适合学生阶段的读者，高级方法适合考证的成年人。第四章和第五章分别讲解的是英文信息记忆方法和数字信息记忆方法。第六章、第七章和第八章则是重点讲解了各种中文信息记忆的实操案例。第六章主要是针对中小学的记忆实操案例；第七章是针对成人考证的记忆实操案例；第八章则是总结所有题型的记忆思路，让所有年龄段的读者都能从这本书的方法中有所收获。第九章是拓展内容，分享了世界记忆锦标赛的十大比赛项目，对"记忆大师"称号感兴趣的读者可以重点了解。最后一章是训练记忆方法过程中，大家可能遇到的问题，以及对应的解答。

总结一下本书的六个明显的特点：

受众群体广，目前很多记忆方法书籍主要是针对中小学生，很少有针对成年人考研、考证等需求的记忆方法。相对于中小学生，成年人要记忆的内容会更复杂，因此这本书算是弥补了这方面的空白。

方法案例多，这本书当中几乎每节内容都会有案例分享，在让大家看懂方法的基础上，提供实操的步骤和经验。

涉及范围广，这本书对大家日常学习生活当中要面对的各种记忆难题都做了分享，不管是竞技记忆还是实用记忆都包含在内。

阅读难度小，每节内容我都尽量控制在一千字左右，让大家在阅读的时候没有任何的压力，随时随地都能阅读。节

记忆的技术

90 个实例让你学会
高效记忆法

王刚 _ 著

中国纺织出版社有限公司

内 容 提 要

本书具有受众群体广、方法案例多、涉及范围广、阅读难度小、知识吸收易、能力提升快的特点，通过90节的内容，分享了提升记忆能力的90种方法和技巧，一定能让你收获满满。本书涉及实用记忆和竞技记忆两大领域，不管你是在校学生还是成年工作者，都能通过本书的内容找到提升自己记忆能力的答案。记忆高手不是短时间内练成的，需要通过系统的方法学习和训练。这本书就像一本"武林秘籍"，向你展示所有的高效记忆技巧，能够让你在阅读这本书的时候，掌握丰富的记忆技巧和方法，面对自己需要记忆的材料和信息时能够见招拆招，在面对记忆难题时更加从容。

图书在版编目（CIP）数据

记忆的技术：90个实例让你学会高效记忆法 / 王刚著. --北京：中国纺织出版社有限公司，2023.1
ISBN 978-7-5180-9897-2

Ⅰ．①记… Ⅱ．①王… Ⅲ．①记忆术 Ⅳ. ①B842.3

中国版本图书馆CIP数据核字（2022）第181546号

责任编辑：郝珊珊　　责任校对：高　涵　　责任印制：储志伟

中国纺织出版社有限公司出版发行
地址：北京市朝阳区百子湾东里A407号楼　邮政编码：100124
销售电话：010—67004422　传真：010—87155801
http://www.c-textilep.com
中国纺织出版社天猫旗舰店
官方微博 http://weibo.com/2119887771
天津千鹤文化传播有限公司印刷　各地新华书店经销
2023年1月第1版第1次印刷
开本：880×1230　1/32　印张：7.5
字数：226千字　定价：62.80元

与节之间基本是并列关系，不会让大家觉得看了后面、忘了前面。

　　知识吸收易，每节内容最后都有总结的部分，会将这一节的重点内容给大家总结出来，防止大家陷入读完一节不知道学到了什么知识的尴尬局面。

　　能力提升快，这本书的结构是按照从基础到方法再到案例分析，让大家将理论方法和实际案例相结合，能更快地提升自己的记忆能力。

　　希望大家通过阅读本书，都能有所收获，成为自己心目中的"最强大脑"。

王刚

2022 年 5 月

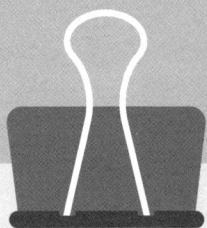

第一章
中文信息记忆基础

这一章内容是本书中最基础的
部分，将给大家带来提升中文
信息记忆该掌握的几个基础能
力，为之后的章节打好基础。

第一节　指代法

指代法又称代替法。大家可以将其理解为理解记忆的升华。指代法要求我们在理解知识的基础上，把我们所理解的内容转化成具体的画面，从而达到快速记忆的效果。我们记忆文言文、考试的简答题和论述题或者一些字数更多的题目时，会发现很难背，或者背过了之后很快就忘记了。一个主要的原因就是我们记忆的知识比较抽象，而且文字和文字之间本身具有很多类似的地方，这也会对我们的记忆产生干扰。

为什么我会在本书一开始就跟大家分享中文信息的记忆方法呢？在这里我们就需要探讨一下数字、英文和中文这3种常见的记忆信息，到底哪种信息记忆起来比较困难？初学者可能感觉数字记忆起来比较难，尤其是无序的数字，记忆起来就更难了，而文字和字母信息的记忆相对来说容易些。如果你也是这么理解，那就大错特错了。了解过记忆法的人都应该知道"数字编码"。一般我们会把数字（个位数）两两结合转化成图像，形成00~99这100个编码。掌握这100个编码（俗称"两位数编码"，当然也有"三位数编码"和"四位数编码"），再会一些记忆宫殿的技巧，一个星期的时间你也能做到5分钟记忆100个随机数字。关于数字的记忆方法，我放到了后面来进行分享。

对于真正的记忆法实战家来说，最难记忆的信息是中文信息。常见的汉字有4000多个，如果按照记忆数字的思路来操作的话，我们需要准备4000多个编码。熟悉这4000多个编码的时间要远远超过熟悉100个数字编码的时间。当然，我们也不会真的耗费时间去创造4000个汉字的编码，我们只需要掌握"指代法"这个技巧就可以。"指代法"只是一个笼统的名称，它包含的方法很多，比如定位指代、交集指代、类比指代、动作指代等。这一节我们先从宏观上了解什么是指代法就可以了。

接下来给大家说一下使用指代法需要注意的问题。首先，我们指代出的画面必须是具体的。举个例子，很多人把"年迈"这个词语转化成"老人"，这样的指代就没有太大的意义。我们指代的目的是提升文字原有的辨识度，"老人"是一个统称名词，"老人"这个图像的辨识度还是太低了。我们可以将"年迈"转化成自己的爷爷、奶奶，这样我们在记忆的时候才会记得更快。其次，我们应尽量转化出自己亲身经历或者亲眼见到，在脑海里有一定概念的图像，而不是自己创新，比如老虎头的兔子、老鼠长翅膀等。使用这类图像的记忆效果就不好了。

接下来大家可以自己动脑筋思考下，下面的词语该如何转化成图像。在做这个训练的时候，很多人会把它理解成用词语造句子或者翻译词语的含义，但这些做法对于我们的记忆帮助不大。我们要在理解的基础上，把这些内容转化成图像。

练习：运用指代法将下列词语转化成图像

抵抗：＿＿＿＿＿＿＿＿＿＿＿＿＿＿＿＿＿＿＿＿

生存：＿＿＿＿＿＿＿＿＿＿＿＿＿＿＿＿＿＿＿＿

订货：＿＿＿＿＿＿＿＿＿＿＿＿＿＿＿＿＿＿＿＿

边防：＿＿＿＿＿＿＿＿＿＿＿＿＿＿＿＿＿＿＿＿

教育：＿＿＿＿＿＿＿＿＿＿＿＿＿＿＿＿＿＿＿＿

科研：＿＿＿＿＿＿＿＿＿＿＿＿＿＿＿＿＿＿＿＿

经费：＿＿＿＿＿＿＿＿＿＿＿＿＿＿＿＿＿＿＿＿

动员：＿＿＿＿＿＿＿＿＿＿＿＿＿＿＿＿＿＿＿＿

安置：＿＿＿＿＿＿＿＿＿＿＿＿＿＿＿＿＿＿＿＿

清新：＿＿＿＿＿＿＿＿＿＿＿＿＿＿＿＿＿＿＿＿

参考答案：

抵抗：小偷偷钱包，我不给他

生存：我在荒原上吃干巴巴的压缩饼干

订货：京东配送从网上订的产品

边防：边防战士

教育：听妈妈唠叨

科研：袁隆平在水稻田里

经费：班级收集班费

动员：拔河比赛大家握拳加油

安置：地震灾区临时搭建的帐篷

清新：口香糖

通过这个练习你会发现，进行指代转化思考跟我们做数学题时的思考很像，刚开始思考的时候可能一头雾水，但是当你深入思考后，就能柳暗花明又一村。

如何判断自己指代的效果好不好？那就要看根据你指代的图像能不能回忆起原来你想记忆的内容，如果能回忆出来，那说明指代的质量不错，如果回忆不出来，那就要考虑更换别的图像。

总结

通过指代法，我们可以将能理解的材料转化成自己熟悉的图像，从而提升记忆材料的辨识度，为提升记忆速度打下基础。

第二节　定位指代法

相信大家都听说过或者看过《神探夏洛克》，对夏洛克的超强记忆能力非常羡慕，都想拥有夏洛克"记忆宫殿"的超强记忆方法。其实，想要学会记忆宫殿，第一步你需要学习定位的方法。

定位指代是指将要记忆的内容，通过自己的理解转化成生活中某个熟悉的位置或者部位，从而在回忆的时候，只要回忆起这个位置，就能回忆起要记忆的信息。定位指代法是指代法中的一种，不过操作起来比单纯的指代法更难一些。

读到这里，估计很多人把"定位"理解成了人生的定位、公司的定位、商品的定位……记忆方法中的定位主要是起到引导回忆的作用，而不是一个标签。

为了能够让大家更好地理解定位指代法，大家可以把这种方法理解为古代诗人在写诗的时候会用到的"借景抒情"的技巧。在古诗当中，落叶代表着凄凉、衰败和悲伤，春雨代表着希望、生命和力量……我们在记忆中文信息的时候，也可以把要记忆的内容和生活中某个具体的位置结合起来。

使用定位法有什么好处？当我们在准备考试的时候，可能要背诵成百上千个问答题、简单题、名词解释和论述题，很可能出现记忆混乱的情况，使用定位法就能帮助我们在回忆的时候避免混淆。毕竟世界上相似的位置和部位有很多，但不可能找到第二个一模一样的位置和部位。

定位指代法理解起来确实比较困难，需要反复多读几遍才能真正理解。接下来我通过一个案例来说明定位法是如何发挥作用的。

> **案例 1**：沉积旋回是指地层剖面上相似岩性的岩石有规律重复出现的现象。

思路：根据这个题目中的"沉淀旋回"联想到家里用的马桶（这一步用到的就是定位指代法），为什么呢？因为我们上"大号"的时候总是先"沉淀"，再用水冲，产生"旋回"。"地层剖面"可以联想马桶和下水道接口有个剖面；"相似岩性的岩石"可以联想马桶的整体材质和马桶冲水盖子都是陶瓷的材质；"有规律重复出现"可以联想我们每天都是在固定时间上"大号"，这是有规律重复出现的现象。这样我们通过联想马桶就能把这个题给记住了，是不是既高效又有趣？

> **案例 2**：配产配注方案的最终落脚点是单井和小层。

思路：根据题目中的"陪产配注"这个关键词，我们可以联想打疫苗（这一步用到的就是定位指代法）。在打疫苗的时候，我们先用小的棉棒沾酒精把胳膊蹭干净（单井谐音成干净，层谐音成蹭），最终落脚点可以联想成胳膊上的针孔，这样我们就能记住这个选择题了。

通过上面的2个案例，相信大家能够理解定位指代法是如何发挥作用的了。这只是小试牛刀，当你系统地看完这本书之后，你会了解到更多高效的记忆方法。

> **总结**
>
> 读完这一节，你需要明白什么是定位指代法，以及如何使用定位指代法。

第三节　动作指代法

除了位置和部位能够饱含含义，我们身体发出的动作、动物发出的动作也是能传递信息的。比如我们伸出大拇指表示赞扬，交警摆手表示禁止通行，小狗汪汪叫可能表示不欢迎你。进行逆向思考，我们可不可以把要记忆的内容转化成动作呢？

动作指代法和定位指代法都属于指代法，但是指代的最终结果是不一样的。定位指代法的目的是把要记忆的内容转化成具体的位置，而动作指代法则是把要记忆的内容转化成动作。动作指代法最大的特点就是灵活；同一个内容，我们用动作指代法的话，可以转化成无数个图像。所以学会使用动作指代法可以拓展我们记忆的思路。

比如"解决"这个词语，我们通过理解把这个词语转化成动作的话，可以联想到枪毙犯人、把盘子里的食物吃光、去厕所方便等图像。但也正是因为动作指代法的灵活性，我们在回忆的时候可能会出现问题，可能转化完了，在回忆的时候却忘记当时转化的动作到底是什么。它不像定位指代法具有很强的唯一性，这一点需要大家注意。

因为动作指代法的灵活性，我常常会把一些比较好理解的内容直接转化成动作，从而提升记忆的速度。

> **案例 1：**艺术真实是指在生活真实的基础上，通过艺术家的想象，以艺术所特有的假定性创造出既不同于生活原貌又符合生活情理、人物情感逻辑的艺术形象和艺术情景。

思路：我将"通过艺术家的想象"之后的内容，转化成一个艺术家画人体模特像的动作。"以艺术所特有的假定性创造"联想画家用笔在纸上创作；"既不同于生活原貌又符合生活情理、人物情感逻辑的艺术形象和艺术情景"，这句话可以联想画家给模特画了一片草原的背景，然后这个模特在喂牛羊。这样我们就可以快速记忆这个名词解释。

> **案例 2：**艺术鉴赏是人们在接触艺术作品过程中产生的审美评价和审美享受活动，也是人们通过艺术形象（意境）去认识客观世界的一种思维活动。

思路：这个名词解释大家可以直接联想成看电影场景中发生的动作就能够快速记忆了，不信你可以自己尝试一下。

总结

大家需要清楚动作指代和定位指代的区别，动作指代有哪些优点，存在哪些缺点。经过前面几节内容，你应该明白，想要提升记忆速度，就要把要记忆的内容转化成图像，而物象、动作和场景这三者是具有图像的，我们在转化的时候就要往这三者靠拢。

第四节　类比指代法

类比指代法也是指代法当中重要的一种细分方法。类比指代是指通过自己的理解之后，把要记忆的内容转化成我们熟悉的内容，这样我们在记忆的时候就会轻松很多。其实类比指代法类似于费曼学习法。接下来通过几个具体案例给大家说明下类比指代法是如何发挥作用的。

案例 1： 专项方案的实施是指，施工单位应当严格按照专项施工方案组织施工，不得擅自修改专项施工方案。因规划调整、设计变更等原因确需调整的，修改后的专项施工方案应当按照规定重新审核和论证。

　　思路：通过阅读理解，我们可以把这个材料联想成我们过年和朋友一起聚会。这次聚会买单的人我们就联想成"施工单位"。大家一起商量吃火锅、炒菜，还是烤肉，就可以记住"严格按照专项施工方案组织施工"。如果遇上店铺放假关门等其他特殊情况，我们就能记住"因规划调整、设计变更等确需调整"。然后大家重新商量吃什么东西，我们就能记住"修改后的专项施工方案应当按照规定重新审核和论证"。

> **案例 2**：安全技术交底是指，专项施工方案实施前，编制人员或者项目技术负责人应当向施工现场管理人员进行交底。施工现场管理人员应当向作业人员进行安全技术交底，并由双方和项目专职安全生产管理人员共同签字确认。

　　思路：这个知识点我们可以承接上面的知识点继续联想，比如同学们确定好去吃火锅，"编制人员或者项目技术负责人"可以联想成火锅店的老板和厨师；"施工现场管理人员"可以联想成聚会掏钱的人；"作业人员"可以联想往火锅里涮菜的同学。"双方和项目专职安全生产管理人员共同签字确认"可以联想成如果菜都上齐的话就在菜单上打钩确认。这样我们就能把这个知识点给记住了。

我们用类比指代的方式，可以迅速加深对知识的理解，从而记住知识点。

> **总结**
>
> 在平时的学习中，对于一些我们能理解并且逻辑性比较强的知识，我们可以想办法把这些材料类比成自己所熟悉的画面，这样记忆的时候就会轻松很多。

第五节　谐音转化法

谐音法跟我们前面几节提到的方法不同。前面几节的内容都让大家把要记忆的材料通过理解的方式转化成图像，而这一节的内容则是分享的是当这些材料本身就不好理解、非常难记时，将它们转化成图像的方法。

这里就要用到谐音法了。谐音法就是根据我们要记忆的内容的发音，把它转化成我们所熟悉的内容。很多人认为谐音是中国人的专利，其实很多外国人在学习中文的时候也会用到谐音法，比如"风"这个汉字谐音成"phone"这个单词，"好"这个汉字谐音成"how"这个单词。合理地使用谐音法也会大幅提升我们的记忆效率。

尤其是很多医学材料、复杂的专有名词，你根本不理解它们为什么叫这个名字，这个时候你就得想办法用谐音来转化出图了。谐音转化也是需要技巧的，我一般会转化成"主谓宾"的结构，也就是将开头的内容转化成人物或者动物等"活物"，中间部分则想办法转化成动作，最后面的内容转化成物象。这样我们在串联故事的时候，才更容易符合逻辑，只有符合逻辑了，我们在记忆的时候才能更加牢固。当你对所有的技巧熟悉了之后，你也可以见招拆招来使用。

> 案例：镇静催眠药（苯二氮卓类）有咪达唑仑、三唑仑、奥沙唑仑、阿普唑仑、艾司唑仑、劳拉西泮、地西泮。

思路：这个案例我们使用歌诀法。先提取关键信息，"咪达三奥沙阿普艾司劳拉西泮"，可以谐音成"你大三要上铺爱死老拉西班牙"，然后重组信息，转化成一个有逻辑性的故事：你大三的时候想要上西班牙的研究生，因为你爱死这个学校了，所以你每天老拉你的上铺和你一起去上自习，这样你就不会犯糊涂变成"笨二蛋"（苯二氮）了。这样我们就能把这些信息给记住了。

通过谐音我们可以把不理解的信息转化成熟悉的内容，从而实现快速记忆的效果。

> **总结**
>
> 大家要清楚在什么时候使用谐音法。能理解的材料我
> 们尽量用指代法，不理解的材料我们就使用谐音法。

第六节　其他转化方法

除了前文提到的指代转化的方法和谐音转化的方法，还有一些其他的中文信息转化方法。下面的这几种方法一般用的情况比较少。还需要大家注意的是，这些方法并不是孤立使用的，有的时候我们需要把多种方法混在一起使用，才能把我们要记忆的内容转化成图像。

第一个方法是望文生义。望文生义直白一点理解就是曲解，要曲解我们本来要转化的信息的原有意思，曲解以后的内容就是辨别度比较高、比较形象的图像了。比如说抽象这个词语可以曲解成用鞭子抽打大象。这样的一个画面就非常生动形象了。再举几个例子，"金融"这个词语利用望文生义的方法可以转化成金子融化的图像；"发展"这个词语利用望文生义的方法可以转化成女生展开她的头发的图像。我们经常会把望文生义的方法和指代法混在一起使用。

第二个方法是增减字法。如果说我们原来记忆的信息内容比较多，那么我们可以从中挑几个关键词来记，只要我们通过

这几个关键词能够回忆起原本要记的内容即可。这就相当于是减字法。增字法运用的情况比较少。它是在原有内容的基础上增加几个字，从而能够出现比较形象的图像。比如"信用"加上"卡"变成"信用卡"，它就变成一个有图像的词语了。增减字的方法一般和谐音法搭配在一起使用。

　　第三个方法是倒序法。倒序法是对我们原本要记忆的信息的顺序进行一个颠倒，颠倒之后会出现一个比较形象的词语，比如说"金黄"这个词语倒过来变成了"黄金"；"雪白"倒过来变成"白雪"。颠倒后的词都有一个非常具体、形象的图像。运用倒序法的情况比较少。

　　看到这里，我们应该明白中文信息转化的方法有5个，最重要的是指代法和谐音法，其中指代法又包含了动作指代、定位指代和类比指代这3个细分的方法。

总结

我们需要了解在记忆的时候该如何将中文信息转化成图像。这些方法是我们学习记忆方法的前提和基础，只有掌握这些基础的内容后，我们才能开始学习具体的方法。

第七节　交集转化法

我们在实战记忆过程中，遇到的内容不可能只是单个词语的转化，大部分情况需要把多个词语、整句话甚至是整段话转化成图像，这就需要我们掌握交集转化的能力。

这里的"交集"跟高中数学里学习的集合中的"交集"是一个意思。也就是在记忆材料的时候，通过理解，为材料中需要记忆的信息寻找一个图像，使这个图像能够包含多种含义。

可能有的人不太明白，我给大家举一个具体的例子，比如"创新、协调、绿色、开放、共享"这几个词语，我们都能理解它们的含义，但如果我们把它们分别转化成5个图像的话，显然影响记忆效率。为了更快地记住这几个词语，我们可以使用交集思维思考，看看哪个图像能够包含这5个图像的含义。这5个关键词可以联想成共享单车。共享单车能帮助我们记住"共享"。它是创新的交通方式，每个人都可以骑（记住开放），也是绿色环保的。每天有调度员协调单车的分布（记住协调）。这样就能非常轻松地记住这5大发展理念。

当然，对于刚开始了解记忆法的人来说，一次性把5个词语转化成一个图像是比较困难的，所以一开始的话，我们先从2个词语开始训练。当我们把2个词语转化成一个图像没有问题后，再升级难度，同时将3个、4个、5个词语转化成图像。当你能够把5个词语转化成一个图像的时候，你的记忆能力肯定会大大提升。

　　在这里提醒一下大家，在交集转化的时候，可以多考虑定位指代法，也就是将多个词语转化成一个具体的位置或者地点，这样在回忆的时候容易寻找到回忆的线索，对于大量信息的背诵者来说是比较好用的技巧。

　　接下来再给大家举几个使用交集转化的案例。

> **案例 1**：盾构按支护地层的形式分类，主要分为自然支护式、机械支护式、压缩空气支护式、泥浆支护式、土压平衡支护式 5 种类型。

　　思路：一般像这种填空题或者单选题，我都会思考使用交集转化的方法。把"自然支护式、机械支护式、压缩空气支护式、泥浆支护式、土压平衡支护式"这5个关键信息，转化成以前的爆米花炉子。因为爆米花的炉子上有机械臂，最后要压缩空气爆炸一声；炉子外面有泥浆，爆出来的爆米花会压在土地上。做爆米花的大米是天然的。这个题干"盾构按支护地层"可以联想小朋友经过爆米花摊的时候被爆炸声吓得一屁股蹲在沟里，用手支住地面。这样我们也能把题干记下来。

> **案例 2**：建筑是一种实用与审美相结合，以形体、线条、色彩、质感、装饰、空间组合等为艺术语言，

建构成实体形象的造型与空间艺术。

思路： 我使用交集联想的方式，把这个题目中的"实用、审美、形体、线条、色彩、质感、装饰、空间组合"这几个关键词转化成女生的塑形衣，因为塑形衣很实用也很漂亮，塑造女生的形体线条，而且塑形衣的颜色不一样，材质不同、质感不同，有的塑形衣有蕾丝的装饰，尺码也不同。这些特征刚好和这个名词解释的关键信息不谋而合，这样我们在记忆的时候就很简单了，考试默写的时候也能迅速回忆出来。

通过这一节的内容，希望大家能够明白，我们可以一次性将多个词语转化成一个图像，这样脑海里转化的图像减少了，记忆效率可以再提升不少。

总结
掌握交集转化的能力是你从记忆法的初学者迈向记忆高手的必经之路。

第二章
中文信息记忆方法 1.0

这一章将给大家带来中文信息记忆的基础方法，一共包含 9 个方法。这些方法都是中文信息记忆入门级的方法，希望大家都能掌握。

第一节　字头串联法

字头串联法也叫歌诀法，是我们平时使用频率最高的记忆方法，因为这种方法操作起来非常容易上手，尤其是对一些填空题、多选题，记忆的效果可以提升很大。

给大家说一下用歌诀法的步骤，首先通读要记忆的材料，了解大意，其次提取信息中的关键字，再次将关键字转化，最后进行联想记忆。

这里需要提醒大家的一点是，歌诀法主要用于内容比较少的填空题，如果是背课文的话，用歌诀法基本没啥作用，而且最好用于半熟的信息，也就是这个知识点你熟悉但没有背过的时候，使用歌诀法才能发挥出它最大的作用。如果是完全陌生的信息，直接上来使用歌诀法的效果就不那么明显了，所以歌诀法主要是配合机械记忆发挥作用的。

歌诀法的使用分为简单和困难两种情况。如果记忆的内容比较简单，我们直接提取歌诀就能完成记忆；如果记忆的内容比较困难，我们在提取完歌诀后，要使用我们学习的转化图像的方法，将提取的歌诀转化成图像，这样才更有助于我们的记忆。

学校老师通常会提取完歌诀后就不进行下一步的操作了，比如化学元素前20位的背诵——"氢氦锂铍硼、碳氮氧氟氖、钠镁铝硅磷、硫氯氩钾钙"。老师会让我们反复背诵这个歌诀。再如我们学习正弦函数时，数学老师告诉我们用"奇变偶不变，符号看象限"来判断正负号。在学过记忆方法后，我们可以有意识地进一步进行加工。

给大家分享几个歌诀法使用的案例，让大家对这种方法有更深的了解。

> **案例 1：**中国季风区与非季风区分界线是，大兴安岭、阴山、贺兰山、巴颜喀拉山、冈底斯山。

思路：先通读了解大意，然后提取关键字，大、阴、贺、巴、冈。将关键字转化：打赢喝八缸。进行联想记忆：季风与非季风约定谁打赢就喝八缸酒。

> **案例 2：**高层民用建筑有，旅馆、办公楼、综合楼、邮政楼、金融电信楼、指挥调度楼、广播电视楼等。

思路：先提取关键字，旅、办、综、邮、金、指、广，然后对提取的内容进行谐音，驴肉放在案板上抹棕榈油变金手指，驴肉很光滑。通过提取关键字后进行谐音处理，我们的记忆效率可以大幅提升。

> **总结**
>
> 使用歌诀法一定不能只简单地提取关键字，必要时要进行二次转化，这样才能达到快速记忆的目的。

第二节　故事串联法

故事串联法记忆中文信息是我们最常用的一种中文信息记忆方法，也是最容易使用的一种方法。它就像上一节讲的歌诀法，只不过提取的信息不是关键字而是关键词。

在使用故事串联法的时候，我们先用左脑进行理解，找出其中的关键词，然后利用中文信息转化的方法将关键词转化成图像，最后将图像串联成一个有逻辑的故事，这样我们就能把这个知识点记住。

案例1：莫言的代表作有，《藏宝图》《红高粱》《透明的红萝卜》《蛙》《金发婴儿》《十三步》《酒国》《生死疲劳》《会唱歌的墙》《四十一炮》《红树林》《食草家族》《白棉花》《司令的女人》《老枪宝刀》。

思路：我们通过编故事的方式把莫言的这些代表作品给记

住。因为很多作品名本身是有图像的，所以我们可以不转化，直接串联成故事来记忆。大家要充分发挥自己的想象力，想象莫言手里拿了一张藏宝图，上面长出一片红高粱。红高粱地里又发现一个透明的红萝卜。透明的红萝卜上面有一只蛙。蛙跳到金发婴儿身上。金发婴儿吓得倒退十三步，来到酒国，在酒国喝了很多酒感到生死疲劳。发现一面会唱歌的墙，墙上面架着四十一炮。四十一炮正在攻打红树林。红树林里住着食草家族。食草家族喜欢吃白棉花。白棉花是司令的女人种的。司令的女人很厉害，手里拿着老枪宝刀。先看两遍故事，然后自己尝试回忆，基本上两遍我们就能把莫言的这些代表作给记住。

这个案例还是比较简单的。因为这些作品名都是一些有图像的名词，所以我们在联想故事的时候，只需要在两个图像之间加入一个动作就可以了。接下来再分享几个比较复杂的案例。

> **案例2**：大青龙汤包含麻黄去节六，桂枝二，炙甘草二，
> 　　　　杏仁去皮尖二，石膏六，生姜三，大枣十二枚。

思路：可以联想一个儿子文身大青龙然后赌博欠钱的场景。"麻黄去节六"可以联想，债主要债，妈妈慌了去借钱六次。"桂枝二"，妈妈借钱时两条腿跪在纸上求求大家给她点钱。"炙甘草"，二儿子没钱被揪起来扔进干草堆。"杏仁去皮尖二"，债主里很凶的人，拿刀去儿子皮肤上划，刀尖很尖

锐。"石膏六"，儿子被打得腿断了，去医院打石膏，债主溜走了。"生姜三，大枣十二枚"，妈妈给儿子用生姜和大枣熬汤补补身子。

案例3：流体的黏性与流体的_____无关（D）

（A）分子内聚力　　　　（B）分子动量交换

（C）温度　　　　　　　（D）速度梯度

思路：题目"流体的黏性"可以联想成冬天小朋友流鼻涕。鼻涕的黏性和小朋友吸鼻涕的速度没有关系，这样就能记住这道题目的答案了。

看完这3个案例，相信大家对故事串联法记忆中文信息的流程有了更深的理解。大家一定记住，在联想故事的时候，我们串联一定要符合逻辑，不然联想的故事很快就会遗忘。

总结

使用故事串联法一定要尽可能理解原材料，把关键词提取出来转化成图像，然后把图像串联成故事，这样我们就能记住这个知识点。

第三节　配对联想法

配对联想法其实属于故事联系法中的一种，不过它具有比较强的局限性，适合信息只有2个时使用，比如人名和头像、国家和国旗、单词的意思和拼写等。

配对联想法跟故事串联法相比较的话，更容易上手。给大家举几个例子看看配对联想法该如何使用。

> **案例1：** 晕（yūn）车和晕（yùn）车，这两个读音哪个是正确的呢？

思路：正确答案是晕（yùn）车。如何用配对联想法来记忆呢？首先找一个读音也是yùn且我们绝对不会读错的汉字，如"孕"。我们可以联想，有个孕妇坐车的时候晕车，这样我们就能记住这个易错音了。

在记忆易错音时，我们主要用的方法是找到与容易读错的字同音的字，并用它组词，然后将这个词语跟原来容易出错的词语联想成一个故事。这样我们就能记住这个易错音了。

> **案例2：** 平心而论和凭心而论，哪个是完全正确的呢？

思路：正确答案是平心而论。我们根据"平"想到平板凳，老师坐在平板凳上与大家平心而论，我们就能记住这个易错字。

除了这种方法，易错字还有一种记忆方法，就是突出偏旁部首。比如赃款的赃是"贝"字旁，我们可以联想古代中用贝壳作为钱币流通，赃款的赃也是跟金钱相关的。所以有的情况需要通过突出偏旁部首来进行记忆，不管哪种方法都属于配对联想法。

案例3：井田制盛行于西周。

思路：这个历史知识点如何进行记忆呢？首先将"井田"谐音转化成"景甜"，"西周"谐音转化成"稀粥"，联想景甜在喝稀粥，就能记住这个知识点了。因为"井田制"和"西周"这两个词语没办法理解，我们就用谐音法进行转化。

配对联想法的使用范围还是很广的。接下来要给大家分享的单词、图案、历史年代等很多知识点的记忆都可以用配对联想法。

总结

使用配对联想法时，我们需要把配对的2个信息分别转化成图像，再将这2个图像联系起来，达到最终记忆的目的。

第四节　题目定位法

掌握这种记忆方法后，闭卷考试也变得像开卷考试一样。如何运用题目定位法呢？我们在记忆古诗、简答题、问答题等信息时，可以把题目拆开，根据我们要记忆内容的"条数"（条数指这个知识我们需要记忆多少个要点），把题目拆分成对应的条数即可。

拆分完后，我们把材料当中每条信息的关键词转化成图像，和对应的题目中的具体文字联系起来。其实这有点扩展版配对联想法的感觉。

接下来通过具体案例来看看题目定位法是如何发挥作用的。

案例1： 古诗一则。

送杜少府之任蜀州

［唐］王勃

城阙辅三秦，风烟望五津。

与君离别意，同是宦游人。

海内存知己，天涯若比邻。

无为在歧路，儿女共沾巾。

思路： 我们可以用题目定位法来记忆这首诗。这首诗的题目第一个字是"送"，可以谐音成松鼠，所以我们就用松鼠来记第一句话。"城阙辅三秦"可以谐音成松鼠从城墙的缺口上去，然后抚摸三把琴。

"杜"可以谐音成大肚子男人。一个大肚子男人在菜市场有很多的风和烟，然后他看到有卖猪肉的，买了5斤。这样就能记住第二句。

"少"可以想成少女。少女和自己的如意郎君分别，我们就能记住"与君离别意"。

"府"可以谐音成斧子。同事把斧子还给旅游的人。

"之"可以谐音成一支笔。联想用笔写信寄给知己。

"任"可以谐音成忍者。忍者运动速度很快，不管你在哪里他都能找到。这样就能记住"天涯若比邻"。

"蜀"可以谐音成树。树上的乌鸦骑在梅花鹿上喂自己的孩子。

"州"可以谐音成粥。儿女喝粥沾在衣襟上。

总结这个案例，就是用题目中的每个字转化成一个图像来记忆一句古诗。对于一些比较难理解的诗句，直接用谐音法转化成图像和题目转化的图像一串联就能实现快速记忆。

> **案例2**：商鞅变法的主要内容有，废井田，开阡陌；奖励军功；建立县制；奖励耕织。

思路："商鞅变法"一共有4个字，用于记忆4条内容。"商"可以联想成"商场"，"井田"谐音成"景甜"。商场有很多景甜的海报被撕破，还有很多人牵住陌生人的手。
"鞅"可以联想成"插秧"。插秧的时候弓着腰，秧苗均匀分布。这样就能记住第二条。"变"可以联想成"变形金刚"。买了一个变形金刚的玩具给孩子玩，限制他玩的时间（"县制"谐音成"限制"）。"法"可以联想成动作"发"，耕织可以联想成工资，通过"发工资"就能记住最后一条了。

　　通过上面这两个案例，相信大家能够加深对题目定位法的理解了。不过这个方法也有比较强的局限性，最适宜题目文字数量和内容条数一样的情况，其他情况就要灵活处理了。

> **总结**
> 使用题目定位法时，我们一定要通过配对联想法完成对题目和对应的材料的一一配对，这样我们考试时看到题目就能联想起答案。

第五节　绘图记忆法

　　绘图记忆法是通过绘图的形式把我们要记忆的信息展现出来的方法。我们已经了解到，大脑之所以能记忆得更快、更牢就是因为我们通过一定的方法将要记忆的内容转化成了图像来记忆。大脑对于图像记忆更敏感、更牢固，这样我们就能大幅提升记忆效率。

　　之前分享的记忆方法主要是让大家在自己的大脑里联想图像和场景，这对于一些想象力不好的小伙伴来说是不太友好的，但绘图记忆法是将大脑想象出来的画面直接画出来，即使你的想象力不好也不会受影响。

　　不过有的小伙伴可能有这样的担心，觉得自己没有学过美术，没有学过素描，画不好。那这种方法是不是就不能用了呢？这个大可不必担心。我们用绘图法时，画出来的图像不要求质量有多高，不需要画得非常精美，只要你自己能明白画的是什么就可以了。

　　绘图记忆法的操作步骤如下：首先将要记忆的材料多读几遍，找出其中的关键词，其次利用中文信息转化的方法把转化的图像直接画在白纸上（可以是彩笔也可以是黑色中性笔，只要能把转化的图像表示出来即可），然后看着自己画的图开始尝试记忆。记忆几遍之后，如果能看着图把课文背出来，再把自己画的图蒙起来，闭上眼睛回忆，如果也能回忆起来，说明你已经把你想记忆的内容都记忆下来了。

　　绘图记忆法主要用于背诵古诗和文章，当然一些填空题、问答题我们也可以绘图记忆法来进行记忆。接下来通过几个具体的案例来看一下，绘图法是如何发挥作用的。

案例1：古诗一则。

梅 花

[宋] 王安石

墙角数枝梅，凌寒独自开。

遥知不是雪，为有暗香来。

思路：这首诗一共有 4 句话，而且每句话都有很多物象，直接就能转化成图像。我们把转化的图像绘制出来，就能把这首诗给记住了。

案例 2：古诗一则。

送元二使安西

[唐] 王维

渭城朝雨浥轻尘，客舍青青柳色新。

劝君更尽一杯酒，西出阳关无故人。

思路： 这首诗也是同样的方法，用绘图的方式直接把4句诗表达出来，然后借助图像很轻松地把这首诗给记住，而且这首诗没有使用谐音法。

使用绘图记忆法的好处就是比较直观，可以把脑子里联想的图像通过手绘的形式表现出来，对于年龄比较小的学习者来说是一个非常不错的方法。

总结

对于绘图记忆法，大家需要注意的一点是整体性，尽量把画出的图像放在一个整体图像内，而不是分散成很多图像。

第六节　物体定位法

物体定位法也属于传统记忆宫殿当中的一种，在记忆信息时，根据给出的内容联想出一个具体的物体，并在这个物体上按顺序标注一些具体的位置，然后用这些位置来记忆相对应的信息。

接下来通过2个案例来看看物体定位法是如何发挥作用的。

> **案例 1**：肺的特点是，肺泡数目多，面积大；肺泡壁薄；肺泡壁与毛细血管壁紧贴着；肺泡壁外有弹性纤维。

思路：我们可以把"肺"谐音成"飞"，从而想到"飞机"。然后画出一架飞机，从飞机上找到4个部位，比如飞机头、窗户、机翼、机尾。我们用每一个部位去记忆一条内容就可以了。用"飞机头很大、飞机数量多"来记忆肺泡数目多，面积大；用"飞机窗户很薄"来记肺泡壁薄；用"机翼"来记第三条，可以想机翼缠住很多的毛细血管；最后一条我们用机尾来记，想象机尾可以自由收缩，像有弹性纤维一样。

> **案例 2**：用人体的 12 个部位来记忆 12 星座。

我们从人体中从上到下寻找额头、眼睛、鼻子、嘴巴、脖子、肩膀、前胸、肚子、大腿、膝盖、小腿和脚这12个部位来记忆白羊座、金牛座、双子座、巨蟹座、狮子座、处女座、天秤座、天蝎座、射手座、摩羯座、水瓶座和双鱼座。

　　我们可以想额头上长出羊角，这样就能记住白羊座；眼睛发红，可以记住金牛座；两个鼻孔一个鼻孔塞进一个孩子，就能记住双子座；嘴巴吃巨大的螃蟹，这样就能记住巨蟹座；脖子上长出很多狮子一样的毛发就能记住狮子座；肩膀上坐了一个小女孩，记忆处女座；心中有一杆秤，记住天秤座；肚子被蝎子蜇了，记住天蝎座；大腿被弓箭射中，记住射手座；膝盖磨了很多茧子出来，记住摩羯座；小腿像水瓶一样，记住水瓶座；两只脚穿上像鱼一样的鞋，记住双鱼座。

　　通过上面这2个案例，相信你对物体定位法会有深入的理解。

> **总结**
> 我们在用物体定位法记忆知识点的时候，一定要清楚联想的物体和记忆信息之间是有联系的，这样我们才能回忆出当时记忆的信息。

第七节　熟语定位法

　　熟语定位法和我们之前提到的题目定位法是比较相似的。

在记忆古诗、文章、问答题时，我们将自己熟悉的诗句、歌词、成语等作为记忆宫殿的"桩子"，然后把要记忆的信息和发散出来的"桩子"进行对应，从而达到以熟记新的目的。

我们会发现用熟语定位法的一个关键点就是要清楚自己用的是哪些熟词、记忆是哪些知识点。一旦你忘记了自己使用的熟词，那这个问题的答案你很难回忆出来。所以熟语定位法的使用风险比较大。

因为熟语的范围非常大，通过这种方法我们可以扩展到万事万物都可以作为记忆宫殿的"桩子"，只不过这些桩子需要满足以下几个特点：拿来作为"桩子"的事物之间必须是有顺序的，而且互相之间有明显的差异性，这样我们才能借助它们来记忆。

> **总结**
> 熟语定位法在使用时一定要尽量联想和记忆内容相关的熟语，不然很可能会造成回忆不起来的后果。

第八节　数字定位法

这里的数字指的是数字编码。我们会把00～99这100个两位数通过象形、谐音和指代的方法转化成图像，从而帮助我们快速记忆数字。这一部分我们在后面的数字信息记忆方法中给大家分享，这里先简单分享用数字编码记忆一篇演讲稿的方法。（如果想获得数字编码高清图，可以关注公众号"记忆快乐又简单"，回复"数字编码"即可获得）

除了演讲比赛要背诵演讲稿，我们在学校里背诵的校规校纪、公司里背诵的规章制度都属于演讲稿的范畴。一些长篇的故事、文章也可以用数字定位法来进行记忆。我在上一本书《普通人也能掌握的超级记忆法》中也分享了用数字定位法记忆《琵琶行》的方法，可以说数字定位法是非常高效和灵活的方法。

案例：演讲稿一则。

思路：将演讲稿每一句与一个数字编码对应，联想出画面，从而实现想到数字就想起对应的演讲内容的目的。具体如下：

数字	编码	演讲稿内容	联想
01	小树	要坚强到没有任何东西能扰乱你内心的平静	牛顿在苹果树下，被坚硬的苹果砸到头，但是他内心依然平静。
02	铃儿	要对你遇到的每个人谈论健康、幸福和成功	过年亲戚按门铃拜年，你和亲戚谈论一年来的健康、幸福和成功。
03	凳子	要让你所有的朋友都感觉到：他们是有价值的	亲戚来了，不管尊卑都给安排凳子坐，这是他们值得的。

续表

数字	编码	演讲稿内容	联想
04	小汽车	要对每件事情都抱乐观态度，并让你的乐观变成现实	开车堵车了，但是相信一会就疏通了。
05	手套	只想最好的，只为最好的结果而努力，只期待最好的	手套落家里了，但是相信一定会找到的。
06	手枪	对别人的成功要像对自己的成功一样充满热情	中国选手许海峰获得射击冠军，我们也非常激动。
07	锄头	忘掉过去的失误，去追求未来更大的成功	今年用锄头种地收成不好，但是相信来年一定会大丰收。
08	溜冰鞋	要一直面带笑容，时刻准备对你遇到的任何活物微笑	在轮滑的时候向所有人微笑。
09	猫	要拿出足够多的时间来改进自己，使你没有时间去批评别人	给自己的猫梳理毛发，不去评价别人的猫。
10	棒球	要大度得没有忧愁，要高贵得没有愤怒，要强大得没有恐惧，要快乐得不允许烦恼存在	被人用棒球砸到头上，也不会埋怨和愤怒。
11	梯子	要相信自己很棒，并向世界宣布这个事实——不是用响亮的言辞，而是用伟大的行为	用梯子爬上屋顶宣泄自己的情绪，自己是最棒的。
12	椅儿	要活在这样的信念里：只要你真的相信自己是最棒的，全世界都会站在你这一边	上课坐在椅儿上积极回答老师问题，认为自己是最棒的。

我们再回忆2遍，基本上就能把上面这段内容给记住了。至于为什么会是这些编码，大家也不要着急，之后的内容会给大家解释。

● **总结**
● 使用数字定位法有个前提，需要我们把数字编码提前
● 记住，不然使用这种方法可能无法达到预期的效果。

第九节　字母定位法

这一章我们讲了地点定位法、题目定位法、数字定位法、熟语定位法等这么多方法，但是它们的核心原理都是相同的，包括这一节分享的字母定位法，这些方法都属于传统记忆宫殿的方法，它们的共同点就是需要提前记住一些记忆的载体，然后用这些载体去记忆知识点。

这一节讲的字母定位法和上一节讲的数字定位法是非常类似的。既然数字有编码了，那么英文26个字母是不是也有编码呢？答案是肯定的。具体的字母编码内容我会在之后单词记忆的部分给大家分享，现在我们通过一个案例来了解字母定位法是如何发挥作用的就可以。

案例：用字母 A~G 来记忆浙江省的 10 大名胜古迹（西湖、普陀山、天台山、北雁荡山、莫干山、嘉兴南湖、桐庐瑶琳仙境、永嘉楠溪江、天目山和钱塘江观潮）。

思路：与数字定位法一样，将名胜与字母编码一一对应联想即可。具体如下：

字母	编码	名胜古迹	联想
A	苹果（Apple 首字母）	西湖	西湖边上长着苹果树。
B	笔（拼音首字母）	普陀山	一支笔在布上写了一团密密麻麻的字。
C	月亮（象形法）	天台山	坐在天台上赏月。
D	笛子（拼音首字母）	北雁荡山	用笛子奏乐，在清华北大校园里像大雁般游荡。
E	鹅（汉语拼音）	莫干山	鹅在吃馒头干。
F	斧子（象形法）	嘉兴南湖	用斧子把家里很轻的暖壶砸破了。
G	鸽子（拼音首字母）	桐庐瑶琳仙境	鸽子飞到铜炉里炼丹，结果掉到树林里，那里变成了仙境。
H	梯子（象形法）	永嘉楠溪江	踩着梯子的李咏洗夹克很难洗。
I	蜡烛（象形法）	天目山	用蜡烛照亮二郎神的天目。

字母	编码	名胜古迹	联想
J	钩子（象形法）	钱塘湖观潮	用钩子在钱塘湖钓鱼的人在看钱塘湖的潮水。

　　这样我们就能将浙江省的10大名胜古迹用字母定位法给记住了。

　　讲到这里大家会发现，世界上的任何我们熟悉的事物都可以被拿来记忆知识点，就像阿基米德说过的一句话"给一个支点我就能撬动整个地球"，同样地，如果给你一些熟悉的东西，你就能拿来记忆任何陌生的信息。

> **总结**
>
> 字母定位法跟数字定位法是一样的，我们借助 26 个英文字母的编码作为记忆宫殿，来记忆中文信息。

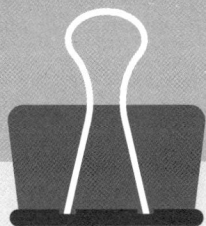

第三章
中文信息记忆方法 2.0

这一章将给大家分享中文信息记忆方法中比较有难度的方法，一共包含 9 个方法，帮助大家更快速地记忆中文信息内容。

第一节　分类记忆法

分类记忆法其实是理解记忆的深入。知识的理解分为2个层次，一种是浅层次的理解，另一种是深层次的理解。理解能力对应的理解记忆是我们大脑重要的记忆方式之一。

首先回答下何为浅层次的理解。浅层次的理解就是知道知识点的大体意思，了解知识点记忆的重点、难点。

深层次的理解分成两种方式，一种方式是对知识进行类比，也就是著名的"费曼学习法"，把复杂的知识转变成我们所熟悉的内容，这样可以加深我们对知识的理解和记忆。另一种方式是学会将知识分类。我们学习的知识有的是能理解的，有的是不能理解的，而每一种又分为有逻辑的和没有逻辑的，共4种情况。其中对于能理解且有逻辑的知识我们可以用分类的方式，加深对知识的理解。

这一节我们就重点讲一下分类记忆法。如何将知识进行分类呢？有逻辑的知识分为线性逻辑、平行逻辑和包含逻辑关系这3种情况。对于这3种情况，我们可以按照空间（例如上、中、下）、时间（例如过去、现在、未来）、属性（例如好的、坏的、国内、国外）、要素（例如政治、经济、文化、思想）、顺序（例如由大到小）等思路对知识进行"庖丁解牛"。

　　分类记忆法其实是可以和思维导图结合起来使用的。通过理解将知识分类后，我们画出的思维导图也会更加简单明了，从而有助于我们的记忆。

　　通过这种"分类"的思维导图，你才能真正地深入理解知识，从而达到快速记忆的目的。对于能理解但没有逻辑或不能理解的知识该怎么办呢？有两种办法：第一种是提升自己的知识面，也就是当学习的知识越多，我们的理解能力就会越好，原来不理解的知识也就理解了。第二种方法是学习记忆技巧和方法，这样我们可以在不理解的前提下，快速记忆知识点。这也是这本书的意义所在。

> **总结**
> 我们在日常学习过程中，不能仅是单纯地理解知识，而且要想办法对要记忆的知识进行分类。

第二节　费曼学习法

　　费曼学习法被誉为世界上最高效的学习方法之一。费曼学习法在我看来是一种加工方法、一种输出性的学习方式，也是一种整体性的学习方式。简单来说，就是把我们要学习和记忆的内容转化成自己已知的熟悉的内容，即用自己的话来描述。

费曼技巧离不开图像，因为图像能让我们更快地理解和了解一个事物。就像我们学习数学一样，如果能够把一个个数学模型画出来，比如把函数图像画出来，那么这个函数的定义域、值域、奇偶性就很容易判断了，我们理解起来就变得很容易。

我们日常要记忆有逻辑的材料就可以使用费曼学习法。毕竟这个世界上一模一样的东西很难找，但是相似的东西还是比较好找的。现代文、政治问答题等就是有逻辑的材料，单词、文言文、历史问答题等比较难理解的就属于无逻辑材料。费曼学习法是比记忆宫殿还要高效的记忆方法，适合高中及以上的小伙伴掌握。

接下来通过几个案例来感受下这种强大的学习方法。

案例1：系统目标与系统组织的关系。

（1）影响系统目标实现的因素：组织（决定性作用）、人、方法与工具。结论：目标决定组织，组织是目标实现的决定性因素。

（2）控制系统目标的主要措施：组织措施（最重要）、管理措施、经济措施、技术措施。

思路：第一部分可以联想成一个女人刚生完孩子。生孩子是女人和丈夫的目标，为了达成目标两人得先结婚组成家庭，这是一个组织。这个"人"包括丈夫、老婆和父母等。方法工具可以联想备孕期用的方法工具等，这个项目就是生娃。

第二部分联想孩子身材有些胖，我们就控制孩子的体重，让孩子开始减肥。第一条家庭方面进行节食，帮助我们记忆组织措施，第二条管理措施就是让他多运动，第三条经济措施可以联想平时少给孩子零花钱，第四条技术措施是指吃一些减肥代餐等。这样我们就可以记住四条内容。

> **案例 2：金属离子**在电极上放电还原为**吸附原子**后，需经历由**单吸附原子结合**为晶体的另一过程方可形成**金属电沉积层**。这种在电场作用下进行的结晶过程称为**电结晶**。

思路：这是一个名词解释的案例。加粗体的部分就是关键词。根据理解，我们可以联想到家里的等离子电视，电视如果没有信号屏幕上就会有雪花。"金属离子"可以联想成市面上的等离子电视，"吸附原子"可以联想控制遥控器的时候，手吸附在遥控器上，遥控器上的按钮是圆形的。"单吸附原子结合"联想练习遥控器用单手控制。"金属电沉积层"可以联想电视机长时间不看的话，灰尘在电视上面就会形成沉积层。电视没有信号就会形成结晶。

上面两个案例我们都是利用了费曼类比的方式，这样可以迅速记忆并掌握知识点。案例2中的材料理解起来比较难，我们也可以用费曼类比将关键信息转化成熟悉的场景来记忆，希望上面的两个案例能够给大家带来启发！

> **总结**
>
> 费曼学习法跟语文的比喻修辞手法是比较像的，把我们要记忆的内容比喻成自己熟悉的内容，这样我们记忆起来就会轻松很多。

第三节　故事串联法优化

上一章已经跟大家分享过故事串联法，但是很多新手在运用的时候总是会遇到各种各样的问题，比如联想的故事天马行空，或者联想完的故事一会儿又忘记了。为了解决以上经常出现的问题，我们需要对故事串联法进行优化。

一般我们在记忆能理解且有逻辑的信息时，联想的故事尽量要使用指代法。只有当我们记忆的材料无法理解，或者理解后无法指代时，才会考虑使用谐音法。

我们在串联故事的时候，不管是指代法转化出图还是谐音法转化出图，故事的开头尽量要联想出一个"活物"。那什么是活物呢？一般的动物、人物这些能主动产生动作的都可以算是活物。用活物开头，我们联想的故事符合逻辑的可能性就大了很多。故事的中间部分尽量转化出一个动作，故事的最后可以联想出一个物象，这样我们就组成了"活物+动作+物象"的结构，也就是我们常说的"主语+谓语+宾语"。我们在联想故事的时候，尽量按这个结构来构思，故事的质量就能得到提升。

　　我是从哪里得到这个"主谓宾"结构灵感的呢？主要是在竞技记忆比赛当中，我发现蒙古国使用的 "PAO系统"，P指的是person（人物）、A指的是act（动作）、O指的是object（物体），也就是我们刚才说的"主谓宾"结构。中国的选手在记忆数字的时候都是将2个数字转化成图像，然后借助记忆宫殿，一个地点记忆4个数字，而蒙古国的选手用同一个2位数字对应3个不同的图像，比如40这个2位数，在主语的位置就是司令，在谓语的位置就是举，在物体的位置就是望远镜。用这种方法，他们记忆数字的速度比中国的选手快很多。我由此得到启发，在实用记忆当中，我们可以模仿这种系统，在联想故事的时候创造出"主谓宾"的形式，这样我们效率也会提升很多。

　　关于上面的来源，如果大家看不懂也没有关系。我想告诉大家的是，我们在串联故事的时候，可以联想出"主谓宾"结构。包括在这本书当中的很多记忆案例，大家仔细去看的话，会发现很多案例当中我都渗透了这个技巧，只不过不挑明的话，很多人是发现不了的。

> **总结**
> 我们在串联故事的时候，一定要记住"主谓宾"结构，

这样会让我们联想得更加轻松。

第四节　随机记忆宫殿

在上一章的时候给大家说过，我们现在学习的记忆宫殿主要是传统的记忆宫殿。传统的记忆宫殿最大的特点就是固定性，所有的记忆宫殿的桩子都是我们提前寻找的。而随机的记忆宫殿最大的特点就是记忆宫殿的桩子是随机发散的，是根据当前要记忆的内容，来临时搭建的。所以随机记忆宫殿的实用性会更强。

那如何去搭建随机的记忆宫殿呢？主要运用的是我们的长时记忆，也就是人生阅历。比如我们看到老鼠会联想到猫，看到姚明可能会想到潘长江，看到电脑会联想到鼠标。那刚才我们联想的"老鼠、猫、姚明、潘长江、电脑、鼠标"这些内容可不可以作为"桩子"来记忆知识点呢？答案肯定是可以的，只不过我们需要掌握随机记忆宫殿发散的方法和这些桩子要满足的要求。

接下来我们先示范下随机的记忆宫殿是如何发挥作用的。

案例：简述你对"计白当黑"的理解。

（1）中国传统美学中的艺术美学观念，是道家的美学观和色彩观。

（2）"白"指画面上的空白处，如山水画的水和天往往不着颜色，画面空白处亦不可不计，虽笔墨未到，但整体画面结构、黑白之间则尽显和谐，画外之意也已表达出来。

（3）继而延伸到书法术语、字的结构和通篇的布局，需有疏密虚实，才能破平板、划一，有起伏、对比，既矛盾、又和谐，从而获得良好的艺术情趣。

（4）这种观念对中国画影响甚重。成为中国画的诉求和形式美的基本构图方式。计白当黑，虚实相生，无画处皆成妙境。

思路：看到"计白当黑"可以联想到围棋，通过围棋可以联想到熊猫，通过熊猫可以联想到竹子，由竹子又可以联想到笛子，这样就发散出了"围棋——熊猫——竹子——笛子"4个桩子的记忆宫殿，然后用这4个桩子来分别记忆这4条内容就可以了。

第一条中的关键词有"美学观念、美学观和色彩观"，可以联想有2个美女下围棋，她们穿着旗袍，从而辅助记忆"中国传统美学"。

第二条中的关键词有"空白处，水和天，空白处不可不计，画面结构、黑白之间尽显和谐"，可以联想熊猫身上有很多空白处，用舌头舔水，水洒在熊猫身体空白处。在动物园里参观大熊猫感觉像看画一样，黑白之间很和谐。

第三条中的关键词有"疏密虚实，破平板、划一，有起伏、对比，既矛盾、又和谐"，可以联想大风吹过竹林的景象，刚好可以把后面的关键词联系起来。

第四条中的关键词有"诉求和形式美、计白当黑、虚实相生"。用笛子联想，吹笛子包含感情和诉求，形式很美。想象在竹林里给大熊猫吹笛子的画面就能联想记忆后半部分。

这个案例就是使用随机记忆宫殿来记忆简答题的操作流程。不知道看完后有没有给你一些启发？只要我们能够掌握随机记忆宫殿的发散方法，再结合之前学习的中文信息转化方法和串联故事的技巧，对于中文信息的记忆，就可以达到"秒杀"记忆的效果。

> **总结**
>
> 随机的记忆宫殿是比传统记忆宫殿更灵活、更实用的记忆宫殿技巧，对于想成为实战记忆高手的人来说，是必须要掌握的方法。

第五节　随机记忆宫殿搭建方法

上一节的内容让大家体验了随机记忆宫殿在记忆问答题中发挥的作用。如果你认可这种方法，你必须要知道如何去发散随机的记忆宫殿。只有掌握了搭建的方法和技巧，你才能够游刃有余地使用这种方法。接下来给大家分享几种常用的发散方法。

　　这种随机的记忆宫殿是我从思维导图的学习中得到的启发。在思维导图的学习中，我们会进行发散联想的训练。在发散的时候，我们有两种方法，一种方法是垂直思考，类似于我们现在的随机记忆宫殿发散，另一种方法是水平思考。

　　垂直思考是让我们由一个事物联想到另一个事物。比如由小树我们能联想到绿色，由绿色可以想到绿帽子，由绿帽子可以联想到出轨，由出轨可以联想到情人等。我们可以发散出无穷无尽的内容。

　　水平思考是让我们由一个事物去尽可能地找出更多的事物，属于漫无目的地发散。比如由小树我们可以联想到绿色，由小树可以联想到小鸟，由小树可以联想到虫子，由小树可以联想到光头强，由小树可以联想到数字1……由小树一个事物我们可以发散出无数个与之有关系的事物，这就是水平思考。

　　在随机记忆宫殿搭建中，我们需要用到的是垂直思考的方式。一般我们可以通过下面几个维度去思考发散。

　　时间顺序发散：我们知道时间是有顺序的，所以我们可以按照时间顺序发散"桩子"。比如由牙膏想到牙刷，由牙刷想到漱口杯，由漱口杯想到水龙头。这些桩子是根据刷牙的时间顺序发散出来的。

　　空间顺序发散：这个方法跟地点定位法有些相似。我们可以根据空间的顺序去发散需要的记忆宫殿。比如由车头灯想到引擎盖，由引擎盖想到挡风玻璃，由挡风玻璃想到方向盘……往后还能再联想出很多桩子。这就是按照空间顺序去发散。

逻辑顺序发散：这个方法是根据事物的一定逻辑关系去发散。比如由竹子可以想到熊猫，由熊猫可以想到围棋，由围棋可以想到象棋等。这是按照一定的逻辑关系或者常识去发散桩子的方法。

个人经验发散：因为每个人的人生经验不同，所以对于同一个事物的发散，得出的结果也是不同的，需要我们根据自己的个人经验做出最佳的选择。

谐音发散：当我们在用前面几个技巧发散时，如果遇到卡壳，怎么也想不出接下来该如何发散，我们可以根据前一个桩子的发音，用谐音法发散出下一个桩子。比如由桌子可以联想到镯子。当我们实在走投无路的时候，可以考虑使用谐音法。

上面给大家讲的5种发散的方法，前2种方法是客观层面具有顺序的元素，逻辑和个人经验是主观层次具有顺序的元素，最后的谐音法是保底的方法。

总结

我们只有掌握了空间、时间、逻辑、经验和谐音这5个发散的技巧，才能在实战当中搭建出你想要的记忆宫殿。

第六节　发散桩子的注意事项

　　掌握了发散的技巧之后，是不是发散任何的桩子都是可以的呢？有没有什么具体的要求呢？为了达到最佳的记忆效果，我们在发散的时候一定要确保桩子满足下面这几个要求。

　　首先，我们发散出来的桩子必须是具体的，而不是抽象的。比如有的人在发散桩子时发散出了学校、癌症、医院、老人……这些内容都是不合格的，因为它们的范围太广，没有确定的指向性，这样我们脑海里无法形成具体的画面，记忆信息的时候容易遗忘。

　　其次，我们在发散桩子的时候一定要避免跳跃性。比如有的人由猴子联想到孙悟空，由孙悟空想到蟠桃。这个发散也是有问题的，因为回忆时由猴子可能直接就想到了蟠桃，中间的孙悟空可能会遗漏。为了避免这种情况，我们在发散时一定要注意，相邻的两个桩子有强的逻辑关系，而不相邻的两个桩子没有任何逻辑关系，这样才能避免出现跳桩的问题。

　　再次，我们在发散随机记忆宫殿的时候，运用的是大脑中的长时记忆。也就是说发散出来的桩子是不需要记忆的，是已经储存在我们大脑里的。如果你在发散完桩子后，还需要刻意记忆的话，那这种操作没有满足我们记忆的原则，那就是以熟记新。如果你觉得发散出来的桩子不是你的长时记忆，那建议你再重新思考。

最后，发散时避免出现以大套小的情况。什么意思呢？比如有的人由文具盒发散出橡皮，由橡皮发散出铅笔，由铅笔发散出尺子……这种发散尽量避免，因为橡皮、铅笔、尺子这些文具是包含在文具盒里的，你无法确定它们之间的先后顺序，很容易出现遗漏。如果非要出现以大套小的情况，尽量使用空间顺序或者时间顺序来规避遗漏的现象。

我们在发散随机记忆宫殿过程中还会遇到各种各样的问题。比如有些人觉得自己人生阅历太少，发散不出多少桩子，担心总是出现重复的桩子。其实，即使对于同一个图像主体，只要其背景不同，我们脑海里的画面也是不一样的。比如袁隆平院士，我们把他放到水稻田、实验室、人民大会堂等不同的背景中，脑海里的画面也是完全不一样的。所以不要担心，哪怕是你只看过一部电影，在电影的情节当中也能发散出无数个桩子。千万不要前怕狼后怕虎，重要的是要立即行动，通过实践去寻找不足，去解决问题。

很多人在学习的时候特别死板。在这里提醒一下大家，上面讲到的这5个方法，在一条发散链上是可以混合使用的，不是让大家用一个方法去发散出所有的桩子。

总结

我们在发散随机记忆宫殿时，一定要时刻做好检查，避免出现遗漏、跳桩、不具体等问题。

第七节　场景发散法

从前文内容可以看出，在搭建随机记忆宫殿的时候，我们发散的桩子都是一个、一个的，发散的效率还是比较低的。如果我们是在记忆几千字的论述题，这样的发散效率肯定是无法支撑我们记忆的，所以我们要掌握一种更高效的桩子发散方法，也就是场景发散法。

我们在做任何一件复杂的事情时，都要切换很多场景，而每个场景当中都会包含很多桩子，因此如果我们利用场景去发散桩子，就能一串、一串地去发散，从而提升我们的发散效率。

> 案例：根据早上上班 / 上学的场景进行发散。

思路：首先用洗漱的场景来发散。洗漱用的物体有洗面奶、牙刷、牙膏、牙刷杯子、毛巾这5个桩子；其次用吃早饭的场景发散，可以联想到冰箱、鸡蛋、电饼铛、插座、饭盒、筷子这6个桩子；再次用上班的交通工具发散，如果是自己开车，想到车门、车钥匙、手刹、转向灯、后视镜、方向盘、轮胎这7个桩子；来到公司楼下继续发散，可以联想到大门、电梯按钮、电梯门、公司门、公司前台这5个桩子；最后来到办公室，依次想到主机、显示器、茶水杯、茶叶、茶叶蛋、鸡蛋、母鸡这7个桩子。这样，我们用早上上班的这件事情可以发散出30个桩子。

在这里有几个环节需要注意。在用场景发散桩子的时候，场景和场景之间是按时间顺序发散的，每个场景当中的桩子一般情况下也是按时间顺序发散的，但是当你确实发散不出来的时候，也可以用其他发散技巧，这样就能更大程度地去发散出更多的桩子了。

> **总结**
>
> 使用场景发散的方法可以帮助我们在短时间内创造出更多桩子，从而提升我们的记忆效率。

第八节　车链子法

车链子法这个名字是我自己起的，这个方法主要是针对一些不想去发散记忆宫殿的人设计的，它就像自行车的车链子一样，一环扣着一环。由此得到的启发，我们在记忆比较多的内容时，除了使用记忆宫殿，还可以利用这种环环相扣的模式，在用故事联想记忆一部分内容后，由前面一部分内容的结尾发散出一个场景，在新的场景下发散新的故事去记忆剩下的内容，然后循环往复。我们也可以用这个方法记忆信息量比较大的内容。

大家只看描述可能无法了解这个方法是如何使用的，接下来我们通过一个具体的案例来看看车链子法是如何使用的。

案例：古诗节选。

琵琶行（节选）

［唐］白居易

浔阳江头夜送客，枫叶荻花秋瑟瑟。

主人下马客在船，举酒欲饮无管弦。

醉不成欢惨将别，别时茫茫江浸月。

忽闻水上琵琶声，主人忘归客不发。

寻声暗问弹者谁？琵琶声停欲语迟。

移船相近邀相见，添酒回灯重开宴。

《琵琶行》这首诗比较长，这里就仅以这部分为例给大家分享下这种方法。

思路：这里一共有12句话，我们以4句话为一个单位编一个故事，然后以这4句话的结尾发散出一个新的场景再记忆后4句话。

首先根据第一组"浔阳江头夜送客，枫叶荻花秋瑟瑟。主人下马客在船，举酒欲饮无管弦。"我们可以想象一个画面：在浔阳江头的晚上，有个人在送客人。这个时候枫叶荻花被秋风吹得沙沙作响。主人从马背上下来，客人走上了船。两人想举杯饮酒却没有伴奏音乐。这首古诗比较容易理解，通过理解记忆法很容易记住前4句话。

其次根据第一组最后一句"举酒欲饮无管弦"可以发散出

一个酒楼的场景，用酒楼的场景再记忆后4句话。"醉不成欢惨将别，别时茫茫江浸月。忽闻水上琵琶声，主人忘归客不发。"想象在酒楼里，客人喝醉即将分别，然后看到江面上倒映的月光，忽然听到水面上传来琵琶声。主人忘记回家，客人也不出发了。这样利用酒楼的场景我们又能记住4句话。

再次根据第二组最后一句话"主人忘归客不发"可以联想到一个火车站或者汽车站的场景，用这个场景记忆"寻声暗问弹者谁？琵琶声停欲语迟。移船相近邀相见，添酒回灯重开宴。"想象在火车站候车时听到琵琶声，想找找是谁在弹奏，这个时候琵琶的声音停止了。我们可以把自己的鞋比作船，脚步越来越近，找到弹琵琶的人之后邀请见面，然后回来添酒回灯重新开席吃饭。

通过车链子法我们发散出2个新的场景，就能记住这一部分所有的诗句了。

车链子法其实就是故事串联法的又一次升级，让故事串联法一次性帮助我们记忆更多的知识。对于不想发散记忆宫殿的学习者来说，这可能是最简单、最实用的记忆大段材料的方法。

总结

通过延伸场景，我们可以扩大故事串联法的使用范围，从而记忆更多的信息。

第九节　找规律记忆法

　　日常学习中的很多知识点是有规律的，如果我们能找到其中的规律，对于记忆也会有很多的帮助，但并不是所有的知识点都有规律，所以我把这个方法放到最后跟大家分享。

　　既然说到规律，那我们如何找到知识点中的规律呢？我把规律分成2种，一种是显性的规律，另一种是隐性的规律。显性的规律非常简单，我们在记忆知识的时候，有时会看到一些内容大量且重复地出现，对于这种重复出现的内容，我们可以先忽略。隐性的规律较难发现，但我们的老师一般会将知识中的隐性规律寻找出来，因此我们要认真听讲，在记忆的时候可以根据老师归纳总结的规律来记忆，从而减轻自己记忆的负担。

　　接下来我们通过一个具有显性规律的案例，看看这种方法好不好用。

案例：《诗经》一则。

蒹 葭

　　蒹葭苍苍，白露为霜。所谓伊人，在水一方。溯洄从之，道阻且长。溯游从之，宛在水中央。

　　蒹葭萋萋，白露未晞。所谓伊人，在水之湄。溯洄从之，道阻且跻。溯游从之，宛在水中坻。

蒹葭**采采**，白露**未已**。所谓伊人，**在水之涘**。溯洄从之，
道阻且**右**。溯游从之，宛在水中**沚**。

思路：这篇是中学生必背的内容。通过观察我们会发现，
这首诗歌当中很多内容是相同的，而且重复出现3次。我把这些
重复出现的内容加粗了，我们只需要重点记忆，即没有加粗的
部分。

首先，"苍苍"可以想到一个白发苍苍的老人，头发像霜
一样，是白色的。"一方"可以想到，她早上做了早饭，放在
长桌上。"中央"可以想到放到这个桌子中央的位置。

其次，"萋萋"可以联想到她儿子的妻子，也就是她儿媳
妇。"未晞"可以想到儿子早上起来没有洗脸就吃早饭了，
"之湄、跻、坻"可以谐音成她用手指挤破眉毛上的青春痘，
然后用纸擦。

最后，"采采"可以谐音成她在吃这个菜菜，"未已"谐
音成卫衣，"涘、右、沚"联想菜落到卫衣上，用右手撕纸
来擦。

通过寻找规律，你会发现这篇课文一点也不难记。

> **总结**
> 通过寻找规律，结合我们之前的方法，可以迅速记住
> 这些有规律的知识。

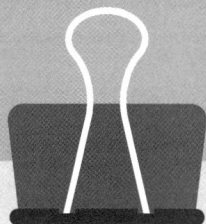

第四章
英文信息记忆方法

本章内容基于图像记忆的核心原理，以熟记新、以图记新、以情记新等，给大家分享关于英语单词和英语文章的记忆方法。

第一节　学习英语的诀窍

我们在学习英语过程中会遇到很多困难，比如没有好的语言环境、单词总是记不住、语法背过总是忘、对英语不感兴趣等。

对于单词的记忆我们需要记忆单词的拼写、发音和意思，对于语法我们需要注意各种注意事项。总而言之，就是有很多信息要去记忆。我们先不考虑这些内容具体的记忆方法，先看看一些前辈学习英语的心得。

现代著名作家林语堂在谈到英语学习时，说到学习英语的唯一正轨就是不断仿效和熟诵，仿效要整句地仿效，熟诵是仿效后的回环练习。最重要的就是整句吞下，再整句吐出来。每日选两三句话，回环疏通。

什么是回环练习呢？当你读一本书的时候，读到一个地方卡壳了，那就从头重新阅读，读到下一个卡壳的地方再重新阅读，如此循环往复就叫作回环练习。

辜鸿铭，北大教授，掌握9个国家的语言，用德语背诵歌德的《浮士德》、用英语背诵弥尔顿的《失乐园》；丘吉尔背诵过麦考利的1200行史诗；苏轼背诵过80万字的《汉书》。你会发现这些领域的专家学者，都在通过大量的背诵学习掌握好一门语言。这些人的学习经验值得我们借鉴。

学习英语的捷径就是找到优秀的文章进行背诵，把这些文章拆分成句子，对这些句子循环往复地背诵。对于组成句子的元素——单词，我们也要想办法迅速记住。所以这一章内容主要给大家分享单词和句子的记忆。我们在学习语法过程中也会记忆很多例句，在此我不展开讲语法的记忆，只要大家记住例句，这些语法知识自然就能记住和运用。

希望大家读完这一章之后，能够掌握背诵单词和句子的高效方法。

> **总结**
> 想要把英语学好，我们必须大量背诵英语单词和句子。

第二节　字母编码

我们主要讲单词的记忆，因为单词的记忆是英语学习的基础，如果说你没有一定的词汇量，你的英语成绩肯定不会太好。这部分重点讲解的是26个英文字母的编码体系。当你拥有一个强大的编码体系以后，你才能够快速地记忆单词。由此可见，这节的内容是记单词的基础部分，希望大家能够先把基础打牢。

我们之所以感觉英语单词比较难记，是因为英语字母本身是缺少意义的（主要是指形象意义），它们对于我们来说辨识度是非常低的。如果我们能把英语字母拆分成一个个的编码，在记忆单词的时候就可以在脑海里形成辨识度更高的图像画面。

这里先给大家提供一套26个英文字母的编码，其中每个字母对应多个编码，确保编码的多元性，为以后拆分单词打好基础。

这些字母编码基本上是根据字母象形、拼音首字母、单词首字母以及特殊指代这几种方法得来的。当然，字母编码在单词记忆中运用得比较少，大家只需要稍微有点印象即可。

英文字母	编码
A	苹果（Apple 首字母）
B	笔（拼音首字母）
C	月亮（象形法），尺子（拼音首字母）
D	笛子、弟弟（拼音首字母）
E	眼睛（Eye 首字母），鹅、饿（拼音首字母）
F	斧子（拼音首字母），拐杖（象形法）
G	鸽子、哥哥（拼音首字母）
H	梯子、椅子（小写 h）（象形法）
I	我（英语单词），蜡烛（象形法）

续表

英文字母	编码
J	钩子（象形法）
K	机关枪（象形法）
L	棍子（象形法）
M	麦当劳（指代法），妈妈（拼音首字母）
N	门（象形法）
O	蛋、呼啦圈（象形法）
P	皮鞋（拼音首字母），红旗（象形法）
Q	气球（象形法）
R	小草（小写 r）（象形法）
S	蛇、美女（象形法）
T	踢（拼音首字母），钉子、雨伞（象形法）
U	磁铁、杯子（象形法）
V	漏斗、胜利的手势（象形法）
W	王冠（象形法），乌鸦（拼音首字母）
X	剪刀（象形法）
Y	弹弓（象形法）
Z	闪电（象形法）

　　对于这些英文字母的编码，要求大家看到这些字母能够反应出对应的编码就可以。大家也可以慢慢地自己去扩充编码，

你拥有的编码越多，你最后使用起来就会越灵活，你选择的余地也会更多。

> ● **总结**
> ● 掌握英文的 26 个字母编码是我们学习单词记忆方法
> ● 的第一步。

第三节　多位字母编码

　　两位及以上字母的编码称为多位字母编码。它们在英语单词记忆中使用的频率更高。这些多位字母编码的来源主要是这些字母的发音以及拼音的首字母。

　　在这里，我总结了一些比较常见及常用的多位字母的编码，希望大家能够牢牢掌握，因为这对以后的单词记忆会非常有帮助。

多位字母	编码
ab	阿伯、挨扁、阿宝、Angelababy
ap	阿婆
ar	矮人、爱人
at	挨踢、安踏

续表

多位字母	编码
ad	广告、AD 钙奶、阿迪达斯
al	阿狸、袄、阿里巴巴
as	岸上
ch	吃喝
br	病人、白人
bl	玻璃、比利（人名）
cr	超人
con	葱、恐龙（谐音）
co	纽扣、可口可乐
ct	餐厅、磁铁、CT 机、冲突
ck	刺客、出口
ff	狒狒
fr	夫人、富人
fl	法老
lt	老头
ld	老大
dr	敌人、大人
ed	耳朵
et	儿童、额头

续表

多位字母	编码
gh	干活、桂花
gr	工人、狗肉
gn	姑娘
nt	男童、难题
pl	漂亮
ry	人妖、溶液、绒衣、入狱、人鱼
ty	汤圆、吞咽
tr	突然、土人、树
st	身体、尸体、舌头、石头
ss	受伤
sp	食品、食谱
th	天后、天黑、土豪
tion	身、声、神（谐音法）
sion	婶、声（谐音法）
ment	馒头（谐音法）

　　其实这些常见的多位字母编码就跟英语的词根词缀使用方法是一样的。它们的原理都是把单词拆分成比较少的模块，从而记起来更轻松。这些常见的多位字母编码，希望大家能够熟记。

在我们记忆单词时，遇到一些字母组合形式想不出图像时，可以借助输入法，把这些字母打进输入法内，获得一些提示。在记忆单词中遇到常见的字母组合，大家也要留心记忆，最终整理出属于你自己的编码体系。

> **总结**
> 多位字母编码是比单位字母编码更重要的编码体系。

第四节　词根词缀编码（一）

除了单位和多位的字母编码，我们还可以把一些常见的词根词缀加入字母编码系统。虽然只有20%的单词含有词根词缀，但是我们也要将常用的一些词根词缀记住，这样在记单词的时候，就能把单词拆分成我们熟悉的词根词缀模块。

接下来给大家总结一些常见的词根词缀。有能力的小伙伴最好把这些词根词缀也记住，这对我们之后记忆单词是非常有帮助的。词根词缀相当于汉字的"偏旁部首"，当你把这些"偏旁部首"记住了，对单词的记忆肯定是非常有帮助的。

词根 / 词缀	意义	记忆
ag=do, act	做，动	ag（阿哥），古代的阿哥做各种武林动作。
ann=year	年	an（按）+n（门），每年过年拜年，按爷爷家门上门铃。
audi=hear	听	a（一个）+udi（邮递员），一个邮递员接听电话送快递。
bell=war	战争	be（手臂）+ll（双拐），战争中的士兵，用手臂拄着双拐。
brev=short	短	br（病人）+ev（依偎），病人穿着很短的衣服，依偎在一起。
ced=go	走	ced（扯耳朵），妻管严被老婆扯耳朵走。
circ=ring	环，圆	ci(吃)+rc(肉串)，吃圆圆的肉串。
claim, clam =cry, shout	喊叫	cl（成龙）+aim/am（挨骂），成龙被别人大喊大叫，在挨骂。
clud=close, shut	关闭	cl（出来）+ud（邮递），拿出邮递的包裹，然后关闭丰巢快递柜。
cred=believe, trust	相信，信任	cr（超人）+ed（耳朵），小朋友趴在超人耳朵上对他讲话，说相信他。
bio=life	生命	bi（壁）+o（鸡蛋），小鸡打破鸡蛋壁出来就是生命。
dict=say	说，言	di（弟弟）+ct（餐厅），弟弟在餐厅说话点菜。
duc, duct=lead	引导	du（堵住）+c/ct（踩/踩踏），水管堵住了，踩或者踩踏来引导疏通。

续表

词根 / 词缀	意义	记忆
fact=make	做	fa（发）+ct（餐厅），发食物给餐厅，让他们做饭。
fer=bring, carry	带，拿	fer（肥耳朵），肥猪耳拿过来吃。
fus=pour	灌，流，倾泻	f（斧子）+us（右手），斧子用右手举起来，砸出泉水流出很多泉水。
gress=go, walk	行走	gr（工人）+e（饿）+ss（拉面形状），工人饿了，走着一起去吃拉面
insul=island	岛	in（在……里面）+s（美女）+ul（游轮），岛里面的美女是开游轮过去的。
ject=throw	投掷	je（饥饿）+ct（冲突），饥饿的鳄鱼看到投掷的食物，就会起冲突。
ex	出去	ex（恶心），感到恶心，把吃的食物都呕吐出来。
loqu=speak	言，说	lo（棒球）+qu（取），和小伙伴说一起打棒球，先取棒球棍和棒球。
merg=dip, sink	沉，没	me（我）+rg（人工），我看到有人沉水，救上岸进行人工呼吸。
mob=move	动	mo（摸）+b（脖子），摸脖子上的脉搏在跳动。
mort=death	死亡	mo（模特）+rt（人体），商场的模特不动，因为她是假的人体（死亡的）。

这些都是常见的词根词缀，这里将记忆方法给大家做了简单分享，大家可以在以后的单词记忆当中，自己总结更多常

见的词根和词缀，这样你的字母编码体系就会越来越丰富和强大，在记忆单词的时候就会更加轻松。记忆单词也符合马太效应，我们背的单词、词根词缀越多，我们记忆单词的速度就会越快。

> ● **总结**
> ● 对于这些词根词缀，我们可以把它们看成单词，使用
> ● 故事串联法进行记忆。

第五节　词根词缀编码（二）

词根 / 词缀	意义	记忆
oper=work	工作	op（OPPO 手机）+er（耳朵），去工作路上把 OPPO 手机的耳机塞进耳朵里听歌。
pel=push	推，逐，驱	p（碰）+el（二楼），推碰到一个人，结果他从二楼摔下去。
rupt=break	打破	ru（入）+pt（葡萄），指甲戳入葡萄打破葡萄皮。
scend, scens=climb	爬，攀	sc（赛车）+end（结束）/ns（难受），开赛车爬坡，油门踩到底，到山顶很难受。
sist=stand	站立	si（死）+st（身体），死去的身体无法站立。

续表

词根 / 词缀	意义	记忆
spect=look	看	sp（食品）+e（饿）+ct（餐厅），食品在饿的时候拿到餐厅吃。
spir=breathe	呼吸	sp（水盆）+i（我）+r（小草），水盆里我养了一些鱼，放小草提供氧气。
tect=cover	掩盖	te（特务）+ct（踩踏），特务在踩踏士兵掩盖的地方。
tele=far	远	te（特）+le（乐），过年从远的地方回家，家里人特别快乐。
tract=draw	拉，抽，引	tr（铁人）+a（一个）+ct（磁铁），铁人被一块磁铁拉走。
vari=change	改变	va（袜子）+ri（日），袜子放在日光下，大家闻到臭味，脸色改变。
vert, vers= turn	转	ve（卫衣）+rt（肉体），卫衣穿在肉体上，然后对着镜子转圈圈。
aero	空气，航空	a（一个）+er（儿子）+o（圆圆的），一个儿子戴着圆圆的航天头盔呼吸空气。
alt	高	alt（阿勒泰），阿勒泰有很多高山。
ambul	行，走	am（按摩）+bu（布）+l（拐杖），按摩的时候用布裹着，按摩完很痛，拄拐行走。
bat	打	ba（爸）+t（靴子），爸爸拿着靴子打孩子。
cert	确实，确信	ce（厕所）+rt（热天），厕所热天也要让大家确信是干净的。

续表

词根 / 词缀	意义	记忆
clin	倾	c（手抓）+lin（淋浴），手抓淋浴头是倾斜的。
cub	躺，卧	cub（床右边），睡觉的时候躺在床右边。
doc	教	doc（doctor 医生），医生教导实习生。
dorm	睡眠	do（冬天）+rm（入眠），冬天动物都会入眠
flat	吹	fl（法老）+at（在），法老在吹气施展魔法。
frig	冷	fr（夫人）+ig（挨个），夫人将水果挨个放进冷的冰箱。
grav	重	gr（工人）+av（安慰），工人背很重的水泥，工友过来安慰他，注意劳逸结合。
greg	群，集合	gr（工人）+eg（egg 鸡蛋），工人将鸡蛋组成集合包装好。
ign	火	i（火柴）+gn（姑娘），卖火柴的小女孩。
magn	大	ma（骂）+gn（姑娘），大声地骂一个姑娘。
misc	混合，混杂	mi（大米）+sc（食材），大米和食材混合在一起做成美味饭菜。
mut	变换	mu（木）+t（靴子），伐木工每天更换靴子。

续表

词根 / 词缀	意义	记忆
norm	规范，正规，正常	no（不）+rm（人民币），没拿人民币去买东西，违反规定。
parl	说，谈	pa（趴）+rl（人脸），趴在人脸上跟别人交谈。
past	喂，食	pa（趴着）+st（石头），小狗趴在石头上等待大家投喂。
ped	脚，足	ped（碰耳朵），碰兔子耳朵，它就会用脚蹦蹦跳跳跑走。
plex	重叠，重	pl（漂亮）+ex（出），穿漂亮裙子出门，开心重复转圈圈。
rot	转	r（人）+ot（呕吐），人坐旋转木马呕吐。
sper	希望	super（超级），超人能给人带来希望。
splend	发光，照耀	sp（水盆）+lend（借），水盆借来的水能够折射阳光，发光照耀房间。
tort	扭	to（投）+rt（人体），投篮结果踩到别人身体上，扭到脚。
van	空，无	van（碗），碗是空的，没有东西。

　　大家可以将单位、多位、词根词缀编码理解为武器库。在英语单词背诵的"战场"上，单位字母编码相当于大刀，多位字母编码相当于步枪，而如果你把其他的多元编码体系也掌握了的话，相当于拥有了手榴弹。你想不想装备齐全地去打仗？

想要把单词记忆这场仗打好，我们必须拥有精良的武器。要知道我们的敌人有几十万（英语单词总量），在小学阶段你必须打倒800~1200个敌人，初中要打倒2500个敌人，到了高中你必须打败3500个敌人，而到了大学你还要打倒更多的敌人……而你所能依赖的只有你自己，在这场没有硝烟的战斗中，你是自己唯一的援兵。你所能做的就是在打仗之前练好"武艺"，配备先进的"武器"，从而在这场战斗中生存下去。

> **总结**
> 我们只有掌握了更多的字母编码，在记忆单词过程中才能游刃有余。

第六节　熟词法

前面几节内容是学习单词记忆方法的基础。当大家把前面的编码掌握了之后，再来看后面的内容，你就会明白为什么我们要记忆这么多编码了。

熟词法是指在记忆单词之前先观察下这个单词里面有没有我们认识的单词，如果能发现我们熟悉、认识的单词，或者只改变几个字母就能变成我们认识的单词，又或者是一些我们熟悉的词根和词缀，就都可以看作是我们熟悉的单词来进行处理。接下来通过几个案例看一下熟词法该如何使用：

hesitate ['hezɪteɪt] v.（对某事）犹豫，迟疑不决；顾虑；疑虑

拆分：he（他）+sit（坐）+ate［eat（吃）的过去式］

联想：他坐下考虑吃不吃，很犹豫，因为他想减肥。

capacity [kəˈpæsəti] n.容量，容积，容纳能力；领悟（或理解、办事）能力；职位，职责

拆分：cap（帽子）+a（一个）+city（城市）

联想：帽子的容量很大，能够容纳一整座城市。

接下来再看几个近似熟词的单词的记忆案例：

balance ['bæləns] n.均衡，平衡，均势；平衡能力

拆分：ba（爸）+lance［近似成dance（跳舞）］

联想：爸爸跳舞然后身体失去了平衡。

foreign ['fɔːrən] adj.外国的，涉外的，外交的；非典型的；陌生的；

拆分：for（为了）+eign［近似成eight（八）］

联想：为了八个外国人，要进行隔离。

loom [luːm] n.织布机

拆分：loom近似成room（房间）

联想：房间里放着一台织布机。

appeal [əˈpiːl] v.有吸引力，有感染力；引起兴趣

拆分：appe［近似成apple（苹果）］+al［近似成all（全部）］

联想：苹果公司的产品对所有人都具有吸引力。

再看几个寻找词根词缀（词根词缀可以看前文复习）的案例：

project [ˈprɑːdʒekt] n.计划；工程；项目；课题

拆分：pro（前缀，向前）+ject（词根，投掷）

联想：向前投入时间和精力，那就是在做计划。

previse [priˈvaiz] v.预知，预先警告

拆分：pre（前缀，预先）+vis（词根，看）+e［近似eye（眼睛）］

联想：预先用眼睛看天气预报，能够预知天气信息。

circus [ˈsɜːrkəs] n.马戏团，马戏场

拆分：circ（词根，环、圆）+us（我们）

联想：环形的马戏团舞台前，我们坐着欣赏节目。

exclude [ikˈskluːd] v.排斥，拒绝接纳；把……排除出去

拆分：ex（前缀，出来）+clud（词根，关闭）+e［近似eye（眼睛）］

联想：把快递从快递柜拿出来后关闭快递门，用眼睛看着。

在使用熟词法的时候我们会发现，记住的单词越多，认识的词根词缀越多，我们发现熟词的可能性就越大，背单词就越简单。所以背单词也符合"马太效应"，背单词越多的人背新

单词就越容易，反过来，如果你记忆的单词很少的话，背单词就很慢。背单词是一个量变引起质变的过程。

> **总结**
>
> 熟词法教会我们在记单词前看看其中有没有认识的单词或者词根词缀，如果有近似的熟词，也可以拆分记忆。

第七节　拼音法

我们在记忆单词时，可以观察单词里面有没有汉语拼音，如果有的话那就可以把这个单词拆分成几个拼音的模块，然后和单词意思联想成一个故事，从而把单词的意思和单词的拼写给记住。这一方法就是拼音法。

当然，我们找到的"拼音"可能不是完整的，近似拼音的字母组合也可以当作拼音。

接下来通过几个例子给大家看一下拼音法是如何发挥作用的。

dance [dæns] v.跳舞

拆分：dan（单）+ce（侧）

联想：身体单侧跳舞，另一侧不跳舞。

cheque [tʃek] n. 支票

拆分：che（车）+que（缺）

联想：买车缺少的钱用支票来支付。

refuse [rɪˈfjuːz] v.拒绝

拆分：re（热）+fuse（肤色）

联想：热天时被一个黑肤色的人追求，然后拒绝了他。

change [tʃeɪndʒ] v.改变

拆分：chang（嫦）+e（娥）

联想：嫦娥居住的月球有阴晴圆缺，随时发生改变。

bandage [ˈbændɪdʒ] n.绷带

拆分：ban（绊）+dage（大哥）

联想：用绷带绊倒大哥。

lake [leɪk] n.湖泊

拆分：la（拉）+ke（客）

联想：拉客人到湖泊游玩。

dare [der] v.敢；胆大

拆分：da（大）+re（热）

联想：大热天不敢出门。

通过这几个案例，相信大家对拼音法记单词有了一定的了解。我们需要注意的是，拼音有4种声调，大家可以根据联想的需要找到最合适的拼音。我们寻找的字母组合可能不是完全贴合拼音，但近似是拼音的字母组合也可以找出来作为拼音来进行拆分。甚至字母组合只是拼音首字母开头，我们也要将它们当作拼音来处理。

> **总结**
>
> 拼音法和我们前面提到的多位编码有相通的地方。如果单词里面有完整的拼音组合形式，那就再好不过了。

第八节　字母编码法

在拆分记忆单词的过程中，我们也可以将学习到的一些字母编码作为拆分单词的工具，从而提升拆分单词的效率。

当然，我们讲解的熟词法、拼音法和字母编码法不是独立存在的，我们需要把这些方法综合起来使用。我们在拆分单词的时候，常常将单词中的熟词和拼音找完后发现还剩几个字母，那么就可以用字母编码将这些剩余的字母转化成图像。

下面通过记忆案例看看将编码法和上面的熟词法、拼音法结合起来是如何操作的。

chess [tʃes] n.象棋

拆分：che（车）+ss（两条蛇）

联想：车里有两条蛇在下象棋。

chicken [ˈtʃɪkɪn] n.鸡肉

拆分：chi（吃）+ c（大嘴巴）+ken（啃）

联想：看到鸡肉左吃一口，右啃一口，中间是大嘴巴。

throw [θrəʊ] v.扔

拆分：th（土豪）+row［近似 rou（肉）］

联想：土豪有钱，扔了很多不喜欢吃的肉。

breathe [briːð] v.呼吸

拆分：br（病人）+eat（吃）+he（他）

联想：病人吃他的便当，结果食物中毒失去了呼吸。

Friday [ˈfraɪdeɪ] n.星期五

拆分：fr（烦人）+i（我）+day（天）

联想：星期五特别烦人，因为我的老师在这一天总是拖堂不下课。

August [ˈɔːgəst] n.八月

拆分：au（根据发音联想成狼叫）+gu（鼓）+st（石头）

联想：狼八月吃了很多食物，肚子鼓起来像石头一样。

stomach [ˈstʌmək] n.胃

拆分成：st（石头）+o（圆形）+ma（妈妈）+ch［近似chi（吃）］

联想：石头圆圆的，妈妈吃进胃里不舒服。

通过这几个案例，大家应该会发现，单词拆分联想是非常灵活的。比如字母"s"，有的时候可以根据形状联想成蛇或美女，有的时候可以根据拼音首字母想成死、湿等。我们编码的原则是为最后的联想服务，所以要尽可能让联想的故事更加符合逻辑，这样我们才能记忆得更加牢固。

> **总结**
> 我们拆分单词的顺序是先找熟词，再找拼音，最后找
> 编码。基本上以前 2 个方法为主。

第九节　谐音法

这一节给大家介绍的是谐音法。相信大家在刚开始学习英语的时候都会用到这种方法，但是当时我们用的谐音法只是根据单词的读音翻译成汉字，而我现在说的谐音法是把单词读音谐音出的内容和单词的意思用故事串联起来，从而记住这个单词的意思和发音。

谐音法主要分成两种情况，一种是整体谐音，就是将这个单词的发音整体谐音出一个图像；另一种是部分谐音，把这个单词的部分发音谐音成一个图像。这里需要提醒大家的是，把谐音法放在后面分享，是因为它不是记忆单词的主流方法，只是辅助。接下来通过一些案例看看谐音法是如何发挥作用的。

ambulance [ˈæmbjələns] n.救护车

谐音：俺不能死

记忆：有个人在救护车上对医生说"俺不能死"。

ambition [æmˈbɪʃn] n.追求的目标，夙愿；野心，雄心；志向，抱负

谐音：俺必胜

记忆：一个人很有雄心和野心，每次比赛都会说"俺必胜"。

bamboo [ˌbæmˈbuː] n.竹子

谐音：颁布

记忆：古代用竹子颁布诏书。

pest [pest] n. 害虫；害兽；害鸟

谐音：拍死它

记忆：拍死它，因为它是害虫。

economy [ɪˈkɑːnəmi] n.经济；经济情况；经济结构

谐音：依靠农民

记忆：经济发展要依靠农民。

crystal [ˈkrɪstl] n.结晶，晶体，水晶

拆分：cry（哭）+stal（石头）

记忆：哭出来的泪水变成水晶。

elevator [ˈelɪveɪtər] n.电梯

拆分：ele（饿了）+vator（喂他）

记忆：在电梯上宝宝饿了，喂他。

experiment [ɪkˈsperɪmənt] n.实验，试验；尝试；实践

拆分：ex（出来）+per（每）+i（我）+ment（馒头）

记忆：出来做实验，每次我只能吃馒头。

在使用谐音法之前，一定要优先考虑使用我们之前学习的

熟词法、拼音法和字母编码法。

> **总结**
>
> 不到万不得已，不使用谐音法，即便使用谐音法也要
> 把单词的意思和谐音的内容串联成故事。

第十节　数字法和倒序法

除了上面几节给大家分享的拆分方法，还有一些不常用的拆分方法——数字法和倒序法。这里给大家简单分享一下。

比如"boom繁荣"这个单词中的"boo"可以近似地看作数字600，剩下的字母"m"联想成麦当劳，进而联想成一个故事：一条街上开了600家麦当劳，非常的繁荣。

再举几个例子，"gloom忧郁"这个单词中的"gloo"可以看作是数字"9100"，剩下的字母"m"可以联想成数学当中的单位长度"米"。整体联想如果你没写完作业，老师罚你跑步9100米，你会感觉很忧郁。

"balloon气球"这个单词可以拆分为"ba"是爸，"lloo"是数字"1100"，字母"n"联想成"门"，合在一起，爸爸将1100个气球拴在门上。

通过上面这3个案例，大家是否理解了什么是数字法记单

词？当我们要记忆的单词当中有b、l、o、g这些像数字的字母
（b像6，g像9，l像1，o像0），且它们同时连续出现时，我们
就可以把它们拆分成数字。不过这里需要注意的是，这种方法
有明显的局限性，那就是只有当这些字母连续出现的时候才能
用这种方法，否则效果不是特别好。

　　还有一种比较特殊的方法是倒序法记单词。当你觉得某个
单词正着拆分比较困难的时候，可以把这个单词的字母顺序颠
倒一下，说不定就是你之前认识的单词了。

　　比如"wolf狼"这个单词，如果我们把它的顺序颠倒就是
"flow流动"，可以联想狼是群居动物，一群狼同时跑动就像
水流动一样。"mad发疯"这个单词顺序颠倒之后，就变成了
"dam大坝"，可以联想一个发疯的人跑到大坝上。"live活
着"这个单词顺序颠倒之后，就变成了"evil邪恶的"，可以联
想活着的人到头来都是非常邪恶的。

　　这种倒序的方法也有非常强的局限性，只有当我们遇到的
单词只有3个或4个字母时，顺序颠倒才容易成为我们以前认识
的单词。

　　以上两种方法比较极端，使用的情况不是很多，大家可以
简单了解下。

总结

数字法记单词要寻找像数字的字母，倒序法记单词需

要把字母的顺序进行颠倒。

第十一节　如何记忆一词多义单词

我们在背单词的时候最害怕遇到的单词含有很多含义。如果我们遇到了一词多义的单词该怎么办呢？这个时候我们就要用到之前学习的中文信息转化的方法了。我们要使用交集转化的方法，把所有单词的意思尽量转化成一个图像。当转化成一个图像很难时，就尽可能地少转化出图像。如果只能一个意思转化成一个图像，也不要慌张，我们可以使用故事串联法，将这些图像串联成一个完整的故事，再和单词的拼写结合起来记忆。

接下来我们通过一个具体案例，来说明一词多义的单词该如何记忆。

案例：register [ˈredʒɪstər] 这个单词的意思有很多。

n. 登记表，注册簿；注册员；（人或乐器的）声区，音区；（适合特定场合使用的）语体风格，语域；（印刷，摄影）套准，叠合；<美>现金出纳机；（电子设备的）寄存器；<美>（供暖或制冷设备的）调风口，节气门；（设计图案组成

的）条，局部

v. 登记，注册；（正式地或公开地）发表意见，提出主张；流露出，表达出；注意到，受到注意；（仪器上）显出，显示；把……挂号邮寄；取得（结果），得（分）；（印刷，摄影）套准，叠合

思路：我相信大家记忆单词的时候很少能碰见一个单词有这么多意思的情况，如果真的遇到了，我们就把单词的意思转化成尽量少的图像。把单词的所有意思都记住并不是件轻松的事情。我们可以把这些意思串联成一个故事：美国的冬天，家里供暖调风口很给力，家里温度很高。家里人在一起唱歌玩乐器。哥哥在用登记表登记妹妹唱过的歌曲、曲谱和音区。妹妹的脸上流汗了，哥哥注意到妹妹很热，于是给妹妹调低温度。这个时候邮递员把照相馆挂号邮寄的整套照片送来了。

register拆分成"re热+g哥哥+ister（近似sister妹妹）"，这样通过上面联想的故事，可以把单词的拆分和单词的所有意思都记住。

> ● **总结**
> ●
> ● 遇到一词多义的单词，先把单词的所有意思用尽可能
> ● 少的图像转化出来，再对单词进行拆分记忆。

第十二节　如何才能把单词记忆得更牢

大家在使用拆分联想法记忆单词的时候，可能会遇到这样的问题：把单词拆分的部分当作单词的意思，或很快地忘了单词的拼写。

那如何才能把单词记得更牢呢？或者说我们如何联想才能更突出单词的意思呢？我们在用拆分联想法记单词的时候一定要从单词的意思着手。为了突出单词的意思，这里给大家分享4种方法。

第一种方法，可以借助场景来突出单词的意思。比如："wonderful 精彩的"，看到这个单词的意思你能想到什么画面？是不是我们看晚会的时候，都会觉得晚会很精彩？接下来我们就用看晚会的场景来进行记忆。"won"可以近似地看成"wan"晚会的晚，"de"可以联想在看晚会的时候吃零食有德芙巧克力，"r"像教室前面的讲台，"f"像唱歌支起来的话筒，"u"像杯子（唱歌时间长了喝点水），最后"l"像一个唱歌人站正的侧面。这就是最傻瓜式的方法了，从单词的意思出发去联想场景，用场景中的事物来帮助我们记忆。不过需要一些记忆法的基础，通过场景联想记忆可以突出单词的意思。

第二种方法，可以用物体定位法来突出单词的意思。举个例子："tortoise乌龟"，我们从乌龟上找到乌龟头、乌龟壳和乌龟脚三部分。用乌龟头记忆tor，to近似成"头"的拼音，r像乌龟头伸出来的样子。用乌龟壳记忆to，龟壳上覆盖一层土，记住t（"土"的拼音首字母），o可以想龟壳形状是圆形的。用乌龟脚记忆ise，i像是脚趾和指甲，se可以想成色，乌龟脚是绿色的。

　　第三种方法，可以用有含义的动作来突出单词的意思。举个例子："choke窒息"，字母c可以联想成手抓的形状，ho可以近似看成喉（hou）咙，剩下的ke联想成咳嗽，然后联想成一个故事：警匪片中一个人手抓喉咙窒息，然后开始咳嗽。这样我们就非常牢固地把这个单词给记住了。

　　第四种方法，可以通过定位的方式来突出单词的意思。举个例子："afraid害怕"，看到这个单词的意思我立马想起小时候邻居家的小狗，因为每次碰见它，它就对我叫，有一次还咬伤了我，给我留下了童年的阴影。我就用这只小狗来帮我记忆这个单词。"afr"我联想为一只烦人的狗，"aid"联想为矮的，然后进行记忆：一只烦人的狗给矮的我留下童年阴影，我很害怕它。这样通过这只小狗的定位我就能记住这个单词了。

　　所以我们在用拆分联想的方式背单词的时候，一定要记得从单词的意思出发。利用上面讲的这4种方法，我们就能把单词记忆得更牢固。我们在英语单词背诵中需要使用这些方法，才能加深记忆。

> **总结**
>
> 把中文信息转化方法、让联想故事更有逻辑的方法、
> 物体定位法等多看几遍，融会贯通，你才能明白将方
> 法实际应用在单词记忆中的重要性。

第十三节　英语句子速记方法

不知道大家是否还记得，在本章刚开始的时候，给大家分析过，学好英语的唯一捷径就是背诵大量句子。那这一节我们就讲下如何记忆英语课文里的句子。

记忆英文句子的核心关键是要先将句子的汉语意思记住，然后使用我们之前学过的中文信息记忆方法，把英语句子的翻译给记住。在背句子的过程中如果有的单词不认识，就要用单词的记忆方法把不认识的单词记住，最后把一些介词等容易忘记的信息用谐音法再修饰一下，这样我们就能把英文句子完整地记忆下来。

接下来通过一个具体案例来看看，上面的流程是如何操作的。

案例 1：英语短文一则。

英文	中文
Reach the goals.	必须达成目标。
My life has been a trade-off.	我的人生是一场交易。
If I wanted to reach the goals I set for myself, I had to get at it and stay at it everyday.	如果我想达到我给自己设定的目标，就必须每天为之奋斗，坚持不懈。
I had to think about it all the time.	必须时刻把它放在心上。
I had to get up everyday with my mind set on improving.	必须每天一起床，脑子里就想着要去改进些什么。
I was driven by a desire to always be on the top of the heap.	我一直被一种想要追求卓越的渴望驱策着。

　　为了让大家更好地学习，我给大家录了一个视频，大家可以扫描二维码观看视频来进行学习。

（扫一扫观看视频学习）

案例2：英语短文一则。

英文	中文
Mean something.	成为举足轻重的人，而不是废物。
I want to do good.	我想做好的事情。
I want the world to be better because I was here.	我要这个世界因为我而变得更好。
I want my life, my work, and my family to mean something.	我想让我的生活、工作和家庭都有意义。
If you're not making someone else's life better, then you're wasting your time.	如果你没有给他人的生活带来好的改变，那你就是在浪费自己的时间！
Your life will become better by making other lives better.	改善他人的生活，你的生活也会变得更好！
I want to represent an idea.	我想要再现一种理念。
I want to represent possibilities.	我想再现人生的各种可能性。
I want to represent the idea that you really can make what you want.	我想再现的理念是，你真的可以做成你想要的事情！

同样地，大家可以扫描二维码观看视频来学习。

（扫一扫观看视频学习）

总结

英语句子记忆的基础是要把单词记住，然后使用中文信息的记忆方法将翻译记住，对于一些细节再二次修饰将剩余内容记住。

第五章
数字信息记忆方法

这一章将会给大家分享数字信息记忆方法，一共包含 9 节内容，帮助大家应对各种数字信息的记忆情况。

第一节　数字编码

数字编码是将数字转化成图像。一般我们会通过象形法、指代法、谐音法等方法将数字组合转化成图像。数字编码和我们记忆单词时使用的字母编码是相同的道理。字母编码是将常见的字母组合转化成图像，数字编码则是将常见的数字组合转化成图像。

目前在国内比较主流的是两位数编码，也就是将00~99这100种数字组合形式转化成图像。也有少部分竞技记忆的选手会用到000~999的三位数编码。欧美的一些选手甚至会用到0000~9999的四位数编码。作为实用记忆来说，我们主要掌握两位数编码就可以了。

接下来给大家分享一个两位数的数字编码表，希望大家能够记住，这对我们记忆数字或者使用数字定位法记忆中文信息至关重要。

数字编码	来源
01 小树	象形法
02 铃儿	谐音法
03 凳子	三脚凳，象形法
04 小汽车	汽车有 4 个轮子

续表

数字编码	来源
05 手套	手套有 5 个指头
06 左轮手枪	左轮手枪有 6 发子弹
07 锄头	象形法
08 轮滑鞋	轮滑鞋有 8 个轮子
09 猫	传说猫有 9 条命
10 棒球	象形法
11 梯子	象形法
12 椅儿	谐音法
13 医生	谐音法
14 钥匙	谐音法
15 鹦鹉	谐音法
16 石榴	谐音法
17 仪器	谐音法
18 一把（人民币）	谐音法
19 药酒	谐音法
20 香烟	一盒香烟有 20 根
21 鳄鱼	谐音法
22 双胞胎	象形法
23 篮球	乔丹的球衣是 23 号，引申出篮球
24 闹钟	一天 24 小时

续表

数字编码	来源
25 二胡	谐音法
26 二牛	谐音法
27 耳机	谐音法
28 恶霸	谐音法
29 阿胶	谐音法
30 三轮车	谐音法
31 山药	谐音法
32 扇儿	谐音法
33 闪闪（灯泡）	谐音法
34 绅士	谐音法
35 山虎	谐音法
36 三鹿奶粉	谐音法
37 山鸡	谐音法
38 妇女	三月八日妇女节
39 三九感冒灵	谐音法
40 司令	谐音法
41 石椅	谐音法
42 柿儿	谐音法
43 石山	谐音法

数字编码	来源
44 蛇	蛇发出嘶嘶的声音
45 师傅	谐音法
46 饲料	谐音法
47 司机	谐音法
48 石板	谐音法
49 天安门	1949 年中华人民共和国成立
50 武林高手	谐音法
51 安全帽	劳动节（工人戴安全帽）
52 鼓儿	谐音法
53 乌纱帽	谐音法
54 武士	谐音法
55 火车	火车发出呜呜的声音
56 蜗牛	谐音法
57 武器	谐音法
58 尾巴	谐音法
59 五角星	谐音法
60 榴梿	谐音法
61 儿童	六一儿童节
62 炉儿	谐音法

续表

数字编码	来源
63 流沙	谐音法
64 柳丝	谐音法
65 尿壶	谐音法
66 蝌蚪	象形法
67 油漆	谐音法
68 喇叭	谐音法
69 漏斗	谐音法
70 冰淇淋	谐音法
71 镰刀锤子	建党节（党徽标志）
72 企鹅	谐音法
73 花旗参	谐音法
74 骑士	谐音法
75 起舞	谐音法
76 汽油	谐音法
77 鹊桥	七夕节，牛郎织女鹊桥相会
78 青蛙	谐音法
79 气球	谐音法
80 巴黎铁塔	谐音法
81 白蚁	谐音法

续表

数字编码	来源
82 靶儿	谐音法
83 芭蕉扇	谐音法
84 巴士	谐音法
85 宝物	谐音法
86 八路军	谐音法
87 白旗	谐音法
88 爸爸	谐音法
89 芭蕉	谐音法
90 酒瓶	谐音法
91 球衣	谐音法
92 球儿	谐音法
93 旧伞	谐音法
94 救世主	谐音法
95 酒壶	谐音法
96 旧炉	谐音法
97 旧旗	谐音法
98 酒吧	谐音法
99 舅舅	谐音法
00 望远镜	象形法

　　上面的这些数字编码基本上大家用两天的时间就能记住。如果你感觉有的编码记忆起来比较困难，你可以根据个人喜好修改成自己熟悉编码。

> ● **总结**
> ●
> ● 通过使用指代法、象形法、谐音法，我们就能拥有一
> ● 套两位数的数字编码。

第二节　数字字母对应系统

　　数字字母对应系统是找10个英文字母，用一个字母来代替一个数字（0~9）。这个系统可以帮助我们将任意位数的数字串通过拼音首字母转化成图像。具体对应法则如下：

数字	0	1	2	3	4	5	6	7	8	9
字母	D	Y	Z	S	H	W	G	T	B	Q

　　这10个数字转化的方法主要是拼音首字母或象形法。数字0形状像D。为什么不是O呢？因为字母O为拼音首字母的汉字实在太少了。数字1的拼音首字母是Y，数字2像字母Z，数字3像字母S，数字4像小写的字母h（倒过来），数字5的拼音首字母是W，数字6像g，数字7像大写字母T的左半边，数字8像B，数字9像q。

　　这个转化的规律也不是固定的，大家可以参考我这一套，也可以根据自己的习惯选择一套适合自己的数字字母对应的法则。当我们拥有了这样一套数字和字母相配套的系统以后，我们就可以在任何时间、任何地点创造出随意位数的数字编码。一旦我们拥有了随机位数的数字编码，对于以后记忆学习和工作当中遇到的数字信息就会非常有帮助。

　　接下来给大家介绍一下这样一套数字字母系统是如何帮助我们创造一套随机位数的数字编码的。根据这样一套数字字母的对应法则，我们可以写出随机的一组数字的对应字母，然后找到这样的一个词语或者是一句话它们的拼音首字母刚好是这些数字所对应的字母。这样我们就能够在短时间内迅速地找到随机数字所对应的数字编码。比如"960年北宋建立"这样的一个知识点，960这三个数字对应的字母是QGD，QGD是"穷光蛋"的拼音首字母。但是"穷光蛋"不是一个具体的图像，我找到一个具体的图像来更好地提高它的辨识度。比如我们可以想到光头强，因为光头强是一个穷光蛋。接下来，北宋可以谐音成"背松树"。光头强是一个伐木工，有一天他砍松树，然后背松树。通过联想这样一个图像，我们就可以把这个知识点给记住了。

　　这里需要注意的一点是，当我们把这一组数字对应的字母写出来以后，如果联想的一句话或词汇的图像不够具体，我们还需要进一步地联想一个具体的图像来指代它。只有这样，它的辨识度才更高。比如老人、小孩、老师这样统称的名词就不够具体，我们尽量地找到一个具体的图像来代替他们。若无法指代出一个具体图像，那我们联想的这个词语跟原来字母对应的词语必须有一个强的逻辑关系，通过这种强的逻辑关系也可以帮助我们记忆。至于为什么把"北宋"谐音成"背松树"，还有怎么把"背松树"和"穷光蛋"这两个部分联系起来，这些内容会在接下来的部分给大家讲解。我们需要在这部分掌握的就是能够迅速地把数字转换成字母，然后通过字母联想出词组或者词语。刚开始大家做这个练习可能比较困难。在这里给大家提供一个技巧，如果通过这些字母来想短语或词语比较困难的话，可以借用输入法，只需要把首字母打上，它就会出来相应的词语或短语。这个时候我们可以做一下积累，从而在之后的单词记忆当中也能用到。

> **总结**
> 数字字母对应系统可以帮助我们更灵活地将数字转化成图像。

第三节　谐音法记数字

在实用记忆过程中，为了记忆得更加牢固，我们必须要让联想的故事更加符合逻辑，所以我们的数字编码系统一定要多元化。在中文信息记忆方法中提到的谐音法是比较万能的，可以将任何中文信息转化成图像，因此我们也可以用谐音法来记忆数字。

看看我们怎么运用谐音数字编码来记忆历史事件。比如"618年李渊建立唐朝"这个事件，"618"可以谐音成"留一把"，李渊谐音成"梨园（唱戏的地方）"，唐朝谐音成"糖果"。这样我们就可以联想出"梨园的戏子看到糖果要留一把"。通过这个故事就能把这个历史事件给记住。这里要记住的一个要点是，我们将数字谐音成图像一定是为中文信息转化成图像所服务的，所以在转化的时候一定要统领全局。

谐音数字编码非常灵活，不管有多少个数字，我们都可以根据数字的发音把它转化成一个形象的图像，这样我们记忆起来就很简单了。

总结
通过把数字的发音谐音成具体的图像可以帮助我们快速记忆数字。

第四节　特征法记数字

材料的规律、意义等特征可以帮助记忆，让我们印象深刻。比如"2、4、6、8、10"这组数字我们看一遍就能记住，为什么呢？因为它是一组等差数列。

再如"19950613"这组数字我的记忆也很深刻。为什么呢？因为这是我的生日。给大家开个小玩笑，我想表达的意思是，我们在记忆一个数字信息的时候，可以先观察一下，这个数字对自己来说有没有特殊的含义，如果这个数字信息有特殊含义的话，我们也可以轻松把这个数字信息给记住。举几个例子你就明白了。

案例1：618年，李渊建立唐朝。

思路：这个历史事件之前已经给大家分享了，这里我们再用一种新方法来记忆它。我们如果在"618"这三个数字前面加个"0"的话，就能得到"0.618"——黄金分割比，然后可以联想"李渊在黄金年代建立唐朝"，这样我们就能记住这个历史事件了。

案例2：1368年，朱元璋建立明朝。

思路：我们观察"1368"这四个数字会发现，它刚好是一个乘法口诀"3×6=18"，这样我们只需要记住这个乘法口诀就能记住明朝建立的时间。

案例3：132 年，张衡发明地动仪。

思路：我们可以观察汉字的笔画数量和要记忆数字之间的联系。对地动仪的"动"进行拆分，发现"云"字上面1画下面3画，"力"字刚好是2画，这样我们只要记住"动"这一个字，就能记住地动仪发明的时间。

案例4：280 年，东吴灭亡。

思路：我们可以把"吴"字拆分来记忆"208"这三个数字。"口"字像数字0，"天"字可以拆分成"二和八"，这样我们只要记住"吴"字的笔画特征，就能记住吴国灭亡的时间。

我们可以通过观察数字的特征，或者汉字和数字是否有关联，来进行快速记忆。在这里我推荐汉字笔画记忆数字的方法，这种方法对于记忆历史时间是比较奏效的。

总结

发现数字和汉字的特征也能帮助我们快速记忆数字信息。

第五节　故事法记数字

在世界记忆锦标赛当中，记忆随机数字是一项非常重要的项目。在世界记忆锦标赛考察的10个项目当中，跟数字相关的项目就占了7项，可见其重要性。这一节我们分享一种记忆数字最简单的方法——串联故事记数字。

下面这行数字让大家去记忆的话需要多长时间？

　　1415926535897932384626433832795028841971

大家可以用手表或手机给自己计时，试试在两分钟的时间内能够记住多少个数字。一般来说，如果能够在两分钟的时间内记住20及20个以上的数字的话，说明我们的短时记忆能力还是非常不错的。

上面的40个数字是圆周率小数点后的前40位，如果大家不借助快速记忆方法的话，估计1天的时间也很难将它们全部记住，即使记住了可能第二天又忘了。

由于无规律的数字的辨识度很低，如果我们不利用快速记忆方法的话，其实是难以记忆的。我们需要借助之前分享的两位数的数字编码，来将这组数字转化成具体的图像。

接下来我通过编故事的形式帮助你记忆这40位数字，让你先对记忆法产生一点信心。想象自己手里拿了一把大大的钥匙，然后你把钥匙砸到了鹦鹉的头上，鹦鹉头上就起了一个大大的包。这个包和足球一样大，于是你给它起名叫"球儿"。

球儿滚进一个尿壶里，尿壶的尿液溅到一只山虎身上。山虎很
生气就吃了很多芭蕉，然后打饱嗝吐出一个气球。气球下面拴
了一个扇儿，扇儿落到妇女的肩膀上。妇女用右手抓起一把饲
料喂给她的宠物二牛。二牛吃饱了很有力气，跑到石山上。
在石山上又坐了一个妇女，她扇动手里的扇儿吹出一个超级
大的气球。气球里住着一个武林恶霸，他脾气特别不好，一
脚踹翻了一辆巴士。巴士压倒一瓶药酒，药酒洒在镰刀和锤
头上。

故事讲完了，你记住了吗？如果没记住，那就再读一遍这
个故事。刚才这个故事当中的物象都是数字编码，接下来我把
它们列出来。

数字	14	15	92	65	35	89
编码	钥匙代表	鹦鹉代表	球儿代表	尿壶代表	山虎代表	芭蕉代表
数字	79	32	38	46	26	43
编码	气球代表	扇儿代表	妇女代表	饲料代表	二牛代表	石山代表
数字	50	28	84	19	71	
编码	武林代表	恶霸代表	巴士代表	药酒代表	镰刀锤子代表	

如果没有记住上面的数字编码的话，请时间回到前文再回
忆下这些编码。这样我们就把这40个数字转换成图像了，看看
大家需要多久能把圆周率前40位给记住。

> **总结**
>
> 使用数字编码将数字转化成图像，再串联成故事，我们就能记忆随机数字。

第六节　人物定位法记数字

　　人物定位法跟我们讲的中文信息记忆方法中的物体定位法是比较类似的。我们在记忆数字的时候可以寻找一些自己熟悉的人物，并按照年龄、辈分、等级等顺序进行回忆，然后利用他们来记忆数字。一个人物记忆4个数字。

　　人物定位法也属于传统的记忆宫殿，利用这种方法也可以记忆中文信息。原理都是一样的，把要记忆的中文信息用中文信息转化方法转化成图像，和对应的人物串联成故事进行记忆。

　　上一节我们使用故事串联法记住了圆周率的前40位，接下来我们使用人物定位法记忆圆周率小数点后的41~60位。

69399375105820974944

　　大家要把69漏斗、39感冒灵、93旧伞、75起舞、10棒球、58尾巴、20香烟、97中国香港（紫荆花）、49天安门、44蛇这些数字编码先记住。接下来我们利用《西游记》里的唐僧、孙悟空、猪八戒、沙和尚和白龙马这5个主要人物来记忆这20位数字。这5个人物是按照师徒关系和辈分来进行排序的，相信大家一定都能记住。这就是我们在使用人物定位法以熟记新中自己熟悉的部分，然后用一个人物记忆4个数字。

用唐僧记忆6939，联想唐僧感冒了，用漏斗喝三九感冒灵；用孙悟空记忆9375，孙悟空拿着旧伞在起舞；用猪八戒来记忆1058，联想猪八戒用棒球棍打松鼠的尾巴；用沙僧来记忆2097，联想沙僧用香烟烫紫荆花；最后用白龙马记忆4944，联想白龙马来到天安门，看到一条蛇在"嘶嘶"地吐信子。这样我们就能把这20位数字给记住了。

接下来大家可以尝试回忆下圆周率的前60位，看看自己记住了没有。

总结

按照一定顺序寻找一些我们熟悉的人物，利用每个人物记忆 4 个数字，可以帮助我们记忆随机数字。

第七节　记忆宫殿记数字

对于竞技记忆的选手来说，最常用的记数字方法是记忆宫殿。而所借助的记忆宫殿，基本上是地点的记忆宫殿，一个地点记忆4位数字。

先给大家看一组地点记忆宫殿的模样，让大家先有个认知。

　　上面就是一间卧室里寻找的记忆宫殿。这组地点记忆宫殿一共有10个地点。通常情况下，我们在用地点定位法记忆数字的时候核心技术只有3个，分别为数字编码、联结和地点。

　　地点的话主要分成两大类，分别为室内地点和室外地点。我们一般都是用室内地点来进行记忆的。

　　在寻找地点的时候，我们需要事先想好要去哪里找。一般我们会先从自己家、自己亲戚家开始找，先找熟悉的地点，再找陌生的地点。我们在找的时候最好用手机拍照，然后用笔记本和笔做好记录，防止自己忘记。一般以30个地点为一组，然后分成3个房间，在每个房间里寻找10个小地点。接下来说一下寻找地点要注意的事项。

　　地点的顺序。我们在寻找地点的时候，如果第一个房间是顺时针寻找的，那接下来的房间统一顺时针寻找，这样方便我们进行记忆。

地点的大小。我们寻找的地点大小要适中，不能太大也不能太小，最小的地点不能小于一个台灯，最大的地点不要超过一张床的大小。

地点的间隔。我们寻找的地点中，相邻的2个地点的间隔一定要控制好，不能有的间隔太大，有的间隔太小，这样会导致我们在回忆的时候遗漏地点。

地点的明亮度。我们在寻找地点的时候尽量在明亮的环境下寻找，不能在阴暗的环境下寻找，否则也容易遗忘这些地点。

地点要固定。我们寻找的地点最好是固定不变的，有的人寻找的地点是垃圾桶，但是垃圾桶的位置经常发生改变，也会容易遗忘，所以尽量找固定不变的地点。

地点要立体。我们寻找的地点，尽量有一个横面。有的小伙伴找的地点是一面墙或者一面镜子这样的垂直面，这些地点上的故事容易遗忘。

地点的管理。我当时去参加记忆比赛的时候，记住了2100个地点，我是如何把这些地点全部记在脑海里的呢？基本上我是用00~99这100个数字编码来管理地点的。比如00望远镜记忆30个地点，01小树再记忆30个地点……用70个数字编码就能管理这2100个地点。

接下来给大家示范用地点的记忆宫殿来记忆圆周率小数点

后的61~100位：

59230781640628620899862803482534211170679

我们利用上面的卧室记忆宫殿来记忆这40位数字。首先将图片中的这10个地点记住。

序号	1	2	3	4	5
地点	地毯	椅子	书柜	桌子	柜子
序号	6	7	8	9	10
地点	壁画	枕头	台灯	床头柜	地板

然后我们就用一个地点来记忆4个数字。

地点	数字	联想
地毯	5923	地毯上，有个五角星扎在篮球上。
椅子	0781	在椅子上，一个人用锄头弄出很多的白蚁。
书柜	6406	在书柜里，用柳丝缠绕着一把左轮手枪。
桌子	2862	在桌子上，一个恶霸踢翻炉儿。
柜子	0899	在柜子上，轮滑鞋压倒舅舅。
壁画	8628	在壁画这里，八路军制服一个恶霸。
枕头	0348	在枕头上，一把凳子砸石板。
台灯	2534	在台灯这里的一把二胡砸晕了绅士。
床头柜	2117	床头柜这里的一条鳄鱼在咬仪器。
地板	0679	在地板上，用左轮手枪打破气球。

通过卧室的10个地点，我们就能把这40个数字记住。现在

大家已经能背出圆周率小数点后的前100位了，恭喜大家！

> **总结**
> 借助地点的记忆宫殿可以记忆大量的随机数字，这也
> 是竞技记忆比赛选手最常用的记忆方法。

第八节　扑克牌的记忆

扑克牌记忆也是世界记忆锦标赛的重要比赛项目之一，而且是所有比赛项目中最具有观赏性的。本节就分享一下如何速记扑克牌。相信现在正在看书的你也想知道如何能记住一副扑克牌。

首先我们要对一副扑克牌（除去大小王）的每一张进行编码，转变成形象的画面。扑克牌分为数字牌和人物牌，数字牌是指1~10，人物牌是指J、Q、K。

这里介绍一种国内记忆大师通常使用的方法：黑桃代表十位上的1（黑桃的下半部分像"1"），红桃代表十位上的2（红桃的上半部分是两个半圆的弧形），梅花代表十位上的3（梅花由三个半圆组成），方块代表十位上的4（方块有4个尖角）。

对于人物牌，把牌的大小定义为十位数，花色定义为个位数，我通常把J定义成5，Q定义成6，K定义成7，这样黑桃J就

是51、红桃J是52、梅花J是53、方块J为54，剩下的Q和K依次对应为61~64、71~74。把每张扑克牌转化成数字后就可以和我们的数字编码联系起来变成图像了。所有的扑克牌的数字转化如下。

数字	黑桃（1）	红桃（2）	梅花（3）	方块（4）
A（1）	11	21	31	41
2	12	22	32	42
3	13	23	33	43
4	14	24	34	44
5	15	25	35	45
6	16	26	36	46
7	17	27	37	47
8	18	28	38	48
9	19	29	39	49
10（0）	10	20	30	40
J（5）	51	52	53	54
Q（6）	61	62	63	64
K（7）	71	72	73	74

借助之前的数字编码，我们就能将每张扑克牌转化成具体的图像了。接下来我们要练习读牌，把每张牌转化成图像。当你感觉自己能很快把每张扑克转化成图像后就可以练习联结扑

克牌了。因为我们都是2张扑克牌放在一起记忆，所以需要把2张扑克牌的图像通过一个动作联系起来。这个过程也是扑克牌训练中最关键的一个过程，联结质量的好坏将直接影响到你最后的记忆效果。

52张牌需要联结26个小故事。如果你想在2分钟以内记住一副扑克牌，那你联结的时间需要控制在30s内。联结质量的评判标准就是，如果你看到前一张就能回忆起后一张，说明你的联结质量是不错的，反之就要反思自己的联结。每天坚持读牌联结牌50副，一个月后你就有2分钟记忆一副扑克牌的水平了。

最后的记忆就要借助记忆宫殿了。一般一个地点记忆2张扑克牌，所以需要26个地点才能记住一副扑克牌。这跟我们讲的用记忆宫殿记忆数字是一样的步骤。当联结牌在2分钟以内就可以尝试去记忆扑克牌了，当联结牌在30s内，恭喜你可以在2分钟内记忆一副扑克牌了！是不是非常酷炫？

现在"国际记忆大师"称号的获得要求已经提升到40s记忆一副扑克牌了，这要求选手在15s内完成联结。当然，除了上面讲的这些方法，你的记忆节奏、推牌的手法等都会影响到你的记忆速度。一定要找到你自己舒服的记忆节奏去记忆。

总结
将每张扑克转化成数字编码，这样我们就把扑克牌的记忆转变成了记数字。

第九节　二进制数字记忆

二进制数字的记忆也是世界记忆锦标赛中的一个重要比赛项目。目前国内的主流方法是将二进制数字转化成十进制数字来记忆。基本上我们会以3个二进制数字为一组转化成一个10进制数字，一共有8种情况。

000	001	010	011	100	101	110	111
0	1	2	3	4	5	6	7

当你学会了这个转化规则之后，你就会记忆二进制数字了。比如111001000111可以通过这个规则转化成"7107"这4个十进制数字，接着你用前面学到的记忆十进制数字的方式来记忆就可以了。

当你学会记忆二进制数字后，你也就同时掌握了记忆围棋棋盘、记忆亮灭灯泡、记忆红绿灯、记忆红白玫瑰的方法。你可能在电视上看过这些项目的表演，并为那些表演者的记忆力感到惊奇。其实这些项目归根结底都是在记忆二进制数字。

在记忆围棋棋盘的时候把白棋定义成"0"，黑棋定义成"1"；在记忆灯泡亮灭位置的时候，灭的灯泡定义成"0"，亮的灯泡定义成"1"；在记忆红绿灯顺序的时候，把红灯定义成"0"，绿灯定义成"1"；在记忆红白玫瑰位置的时候，把白玫瑰定义成"0"，把红玫瑰定义成"1"。这样的2个元素的记忆，我们都可以转化成二进制数字的记忆。

当然用这种方法我们也可以详细地记住一张二维码。记忆二维码和记忆围棋是一样的。二维码是黑白小方格的不同排列。我们把二维码转化成黑白棋盘来记忆，把黑色块定义成"1"，白色块定义成"0"，这样二维码的记忆就转变成了二进制数字的记忆，然后二进制数字的记忆又被我们转化成十进制数字的记忆。

在二维码的记忆表演中，一般只要求识别出二维码，而不需要默写。这就更简单了，我们只需要观察二维码的4条边就可以了。给大家举个例子说明一下。

例如下面这个二维码：

我们主要观察二维码的4条边，其中上面的边有5个黑色短边（左上角、左下角和右上角的3个正方形忽略不看），右边有7个黑色短边，下边有8个黑色短边，左边有8个黑色短边。如果黑色短边超过10个，只记录个位数即可。上面的这个二维码我们就可以定义为"5788"，联想成数字编码图像就是"武器打

爸爸"。这样我们就能记住这个二维码了。虽然不能画出来，
但是在30个二维码（随便打乱顺序）中找出我们刚才定义的
"5788"是很简单的，几乎用不到记忆方法。

总结

掌握二进制转化成十进制的对应方法，我们就能学会
记忆二进制数字和其他的一些表演记忆的项目。

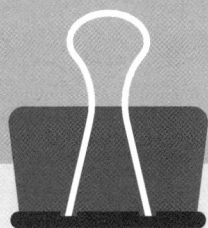

第六章
中小学实战案例

这一章给大家带来中小学生在
日常学习过程中要面对的记忆
信息，使用我们之前讲过的方
法该如何进行记忆。

第一节　如何速记文言文

为什么我们在背诵文言文的时候感觉很难？原因有两个，一是不好理解，二是内容比较多。当然还有的学生不愿意背诵，觉得背什么东西都难。

为了快速地背诵文言文，我们首先要深入理解文言文的含义。在背诵的时候，我们可以适当使用谐音法将一些不理解的文字转化成图像。如果背的课文内容比较多，我们要借助记忆宫殿来实现快速记忆。

接下来我们通过具体案例来看看到底该如何速记文言文。

> 案例：文言文一则。

曹刿论战（节选）
［春秋］左丘明

公与之乘，战于长勺（sháo）。公将鼓之。刿曰："未可。"齐人三鼓。刿曰："可矣。"齐师败绩。公将驰之。刿曰："未可。"下视其辙，登轼而望之，曰："可矣。"遂逐齐师。

既克，公问其故。对曰："夫（fú）战，勇气也。一鼓作气，再而衰，三而竭。彼竭我盈，故克之。夫大国，难测也，惧有伏焉。吾视其辙乱，望其旗靡（mǐ），故逐之。"

思路：为了更好地记忆，我们首先要把这段材料搞清楚。作者写这篇文言文的逻辑是什么？他为什么要这样写？通过理解，我们发现这段材料可以分成3个部分来记忆，第一部分是到达战场，进行战前的准备，分别写了如何到达战场、和谁一起去的、在哪里进行战斗和战前击鼓准备；第二部分写的是一战告捷准备乘胜追击，在乘胜追击的时候曹刿通过车下和车上两次观察得出可以乘胜追击的结论；第三部分写了作战获胜的原因和作战原理，一共有4句话，按照总—分—总—分的顺序去描写的。当我们掌握了这段文言文的行文逻辑之后，在背诵的时候就简单很多了。

对于比较难的文言文，我们可以用故事串联的方法记忆。如果是特别长的文言文，我们一般要使用记忆宫殿。但是这种方法操作起来是有难度的，不经过长期的系统训练是很难自己使用这种方法去记忆的。不过大家也不要担心，中学阶段比较难背的文言文，我都已经录制好了记忆的视频，大家按照视频来背诵，就可以很快把它们记住。想要通过视频背诵文言文的读者可以关注"记忆快乐又简单"这个抖音账号，和我一起轻松背诵文言文。

对于古诗的记忆，大家可以参考文言文的记忆，本质上都是一样的。

> **总结**
>
> 想要快速背诵文言文，我们要提升对课文的理解并且
> 提升文言文本身的辨识度。

第二节　如何快速背诵现代文

当我们掌握了文言文的背诵技巧，背诵现代文就更不在话下了。因为现代文比文言文理解起来更容易，只要内容不是很多，我们可以直接用故事串联法来记；如果内容比较多，我们还是需要借助记忆宫殿。

接下来我们看看用串联故事的方法如何记忆现代文。

案例：现代文一则。

少年闰土（节选）

鲁迅

深蓝的天空中挂着一轮金黄的圆月，下面是海边的沙地，都种着一望无际的碧绿的西瓜。其间有一个十一二岁的少年，项带银圈，手捏一柄钢叉，向一匹猹尽力地刺去。那猹却将身一扭，反从他的胯下逃走了。

思路： 这段内容主要描写了夜空、沙地、西瓜和少年闰

土，一共有3句话。我们先把其中的关键词找出来。通过朗读课文后，我们发现只要记住"深蓝的天空、金黄的圆月、海边的沙地、一望无际的碧绿的西瓜、十一二岁的少年、银圈、钢叉、一匹猹、身一扭、胯下"这些关键词，这段内容我们基本上也就记住了。接下来我们就联想故事：晚上深蓝的天空上挂着一轮圆月，月光洒在沙地上，沙地上种满了西瓜，里面有个少年，脖子上戴银圈，手拿钢叉向猹刺去，结果猹将身一扭从胯下逃走了。通过联想，我们可以很快地把关键词记住，剩下的内容我们再巩固几次，利用机械记忆也能记住。

大家在背诵现代文时也可以借助课文上的插图，如果没有插图可以自己把图画出来加深理解记忆。

> **总结**
> 背诵现代文可以使用故事串联法，内容比较多时可以
> 辅助以记忆宫殿，也可以使用绘图法来记忆现代文。

第三节　如何记忆语文杂项知识点

在语文的学习当中，除了要背诵文言文和现代文，还有很多的杂项知识点需要去记忆，比如易错字、易错音、成语、各种修辞手法的作用、名人代表作品、疑难字、文言文注释、标

点符号用法、各种写作技巧等。这也是为什么现在高考分数差别最大的科目是语文，这个科目牵扯的知识点非常多。

关于易错字、易错音的记忆可以参考第二章第三节配对联想法，关于名人代表作的记忆可以参考第二章第二节的故事串联法，剩下的知识点都可以利用故事串联法来帮助记忆。接下来通过具体案例来看看如何记忆这些零碎的知识点。

> **案例 1：** 楚有祠者，赐其舍人卮酒。
>
> 　　　卮：古代人的盛酒器皿，类似于壶。

思路： 这个注释怎么记忆？我们可以把这个卮谐音成指，联想用手指拿着酒壶倒酒，这样就能记住了。

> **案例 2：** 如何记忆下面这个字？

biang

　　思路：对于疑难字的记忆和单词的记忆方法是一样的。我们需要对复杂的汉字进行拆分，比如上面这个字拆分后可以联想出一个有趣的故事：从一个洞穴里传出两句妖言，两个长着很长马脸的人在月黑风高的晚上，提着刀非常走心地点了一碗面吃掉。这样我们就能记住这个复杂的汉字该如何写了。当然要注意"长"和"马"是繁体的写法。

> **案例3**：语文中常用的修辞手法有，比喻、拟人、夸张、排比、对偶、借代、反问、设问。

　　思路：我们可以使用故事串联的方法进行记忆。老师上课时打了一个比喻，说有的学生非常不讲卫生，像泥人一样。老师说得有些夸张，下课后同学排队上厕所，没带纸的互相借助。厕所地面反射阳光很刺眼，很多工人在修厕所。通过这个故事，我们就能将语文中常见的修辞手法记住。

> **案例4**：美轮美奂的意思是，形容房屋等建筑高大众多，富丽堂皇。

　　思路：对于成语的意思的记忆，我们先把成语通过中文信息转化的方法转化成图像，再把成语的意思转化成图像，最后将两个图像结合起来。美轮美奂这个成语经常被用错，我们可以联想摩天轮非常好看，它属于一种高大建筑，这样就能记住它的意思了。

> **总结**
>
> 对于语文当中的零散知识点，我们可以使用歌诀法、配对联系法和故事串联法进行记忆。

第四节　如何记忆历史知识

历史这门学科可以划归为"背多分"的学科，只要背过了，就能拿高分，背不过只能乱写，分数自然不会太高。初中阶段的历史，尤其考查学生的记忆，高中历史则更需要灵活运用历史知识。历史这门学科成绩的好坏与我们的学习方法和记忆方法有着密切的联系。

因为需要记忆的知识点确实比较多，所以如何记忆知识点将成为影响历史学科成绩好坏的关键。这里推荐费曼学习法和故事串联法来进行背诵。简单来说，就是把历史知识点类比成我们日常生活中的一些事件来记忆，这样记忆会轻松数百倍。

接下来给大家举个例子，看看这种方法是如何帮助我们快速记住历史知识点的。

案例：开元盛世出现的原因有哪些？

①整顿吏治，裁减冗员。

②发展经济，改革税制。

③注重文教，编修经籍。

思路：这是初一下学期的历史知识点。我们用日常生活中的事件来联想帮助记忆。

第一条可以这样来记：吃烧烤代表吃一整顿饭。吏治谐音成荔枝。喝完酒吃点荔枝醒酒。裁减冗员可以想成吃烧烤的时候菜在减少。这样基本上第一条我就记完了。

第二条这样记：吃完烧烤我要付钱，拿出人民币我就记住了发展经济。喝多了回家倒头就睡，就记住了改革税制。

第三条这样记：夏天睡觉有很多蚊子"叫"，可以记住注重文教。叮了很多蚊子包，需要拿风油精抹一抹，再挤破包，就记住了编修经籍。

当然我在转化的时候并不是随意转化的，而是按照吃烧烤的时间顺序来串联的故事，从吃烧烤，到回家睡觉，再到被蚊子咬。这样我们在回忆的时候会更加容易。

我们在背诵历史的时候，还有个很好的方法，就是对历史知识进行分类。我们学习的历史可以分为中国史和世界史。不管是中国史还是近代史，都可以划分成古代史、近代史和现代史。这样我们就把所有的历史划分成6个部分，每个部分中的内容再按照政治、经济、文化和思想等角度进行归纳整理，这样我们就能从宏观上把握所有的历史知识。

> **总结**
>
> 在背诵历史具体知识点时，我们可以使用故事串联法来进行记忆；如果知识点比较多，我们也可以使用记忆宫殿。

第五节　如何记忆历史年代

关于历史年代的记忆方法，在上一章也给大家分享过。对于历史年代，我们首先要把数字通过编码、谐音、特征等方法转化成图像，再将具体事件通过中文信息转化的方法出图，然后将两者结合起来。

接下来通过具体案例来看一下，如何高效记忆历史年代。

案例 1：公元前 206 年，刘邦率军攻入咸阳。

思路：首先将"前206"转化成图像，可以谐音为"儿子领着牛"，而且儿子站在牛的前面。然后将"刘邦率军攻入咸阳"转化为"汗水从肩膀流下，汗水是咸的"。接下来将这两

部分信息串联成故事就能记住这个知识点了，儿子领着牛汗流
浃背，汗水从肩膀流下来。

案例 2：公元 485 年，北魏实行均田制。

思路：首先将"485"这个数值谐音转化成图像，可以谐音
为"拾宝物"。"北魏实行均田制"谐音成"卑微的人均匀地
舔"，最后串联故事，一个卑微的人拾到宝物然后舔个遍。

案例 3：1840 年，鸦片战争爆发。

思路：我们将"18"转化成"一把钞票"，"40"转化为
"司令"，然后串联成一个故事，为了赚钱，司令来中国贩卖
鸦片。

案例 4：1894 年，甲午中日战争爆发。

思路：运用数字字母对应系统，"1894"可以转化为
"YBQH"，从而根据拼音首字母想到"一帮求婚的人"。
"甲午中日战争"重点记忆"甲午"，谐音成"家务"。联想
成一帮求婚的人说："以后的家务都包在我的身上。"

对于上面的案例，我使用了之前给大家分享的数字编码、

数字字母对应系统、谐音法等技巧，将这些数字转化成图像，然后和内容对应起来记忆。

> **总结**
>
> 历史年代的记忆难点在于，将历史事件发生时间的数字转化成具体的图像。

第六节　如何记忆地理知识点

地理学习很重要一点就是要"看图说话"，一定要学会看图，各种地形图、降水量图、温度图等，只有图看明白了才知道该如何下手做题，不然很容易答非所问。除了学会看图，一些需要记忆的知识点一定要牢记于心。知识点记得模棱两可的话，考试很难取得好成绩。接下来通过一些案例来分享速记地理知识的高效方法。

案例1：自然地理要素（大气、水、岩石、生物、土壤、地形等）通过水循环、生物循环和岩石圈物质循环等过程，进行物质迁移和能量交换，形成了一个相互渗透、相互制约和相互联系的整体。

　　思路：要想记忆这段内容，先找出关键部分，即大、水、岩、生、土、地通过水、生、岩循环形成渗透、制约、联系的过程。然后发挥想象力：发洪水，大水淹过土地，水位升高，水升高漫过岩石，渗透到每家每户。拿沙子制约，最后不行了，联系救援队。这样就能记住这段内容了。

　　这个案例主要用的是故事串联法。这种方法适合内容比较短的知识点，比如一些填空和选择题。使用这种方法时，先通读几遍，然后找出关键部分，最后串联成一个故事来记忆。用这种方法来记忆初中的地理知识也很简单，比如下面这些案例。

> **案例2**：**亚**、**欧**分界线是，**乌拉尔山脉**→**乌拉尔河**→**里海**→**大高加索山脉**→**黑海**→**土**耳其海峡（沟通黑海和地中海）。

　　思路：在记忆这条知识点的时候，先提取关键词，加粗部分就是关键部分。然后进行联想，鸭子和乌鸦在黑土河里搭乐高，最后进行复习就能够把这条内容记住。

> **案例3**：板块内部地壳比较稳定；板块与板块交界的地带，地壳比较活跃，是世界火山、地震的集中分布地带。板块运动引起的两大地震带是，地中海—喜马拉雅地震带、环太平洋地震带。

　　思路：提取关键词进行联想：板运动，地震带，地喜马，环太平。联想成一个滑板运动的场景，滑滑板摔倒，地在震动，在地上马上站起来，环绕广场继续滑，要找太平的地面滑行。

　　使用故事串联法的秘诀就是找到关键信息，然后尽量用有逻辑的故事将关键信息串联起来，这样利用我们大脑本身的长时记忆就能很快将短时记忆转换成长时记忆为你所用。希望大家都能掌握这种简单易操作的记忆方法。

　　在地理学习中，我们还需要记忆地图、国旗等图案。大家可以将这些图案轮廓通过想象转化成图像和图案的名称联系成一个故事来记忆。

> **总结**
>
> 对于地理的学习，我们一定要掌握读图的能力。对于具体的知识点，我们可以提取关键词，然后串联成故事来进行记忆。

第七节　如何记忆政治知识点

　　政治知识点的背诵一直是困扰很多学习者的问题。政治的很多知识点是以问答题、论述题的形式出现的，而且很多问答题的答案非常类似。在这里我们需要学会对知识点进行归纳。所有的问答题一般可以分成三大类。

第一类是"什么"的问题。如名称解释、阐述一个概念、解释某个名词出现的原因等都属于这个范畴。

第二类是"为什么"的问题。问答题里出现"有利于""目的""作用"等字眼的其实都属于这类问题。

第三类是"怎么办"的问题。问题里出现"如何""怎么做""要求"等关键字词的都属于这类问答题。

当我们知道了问题的属性后，就能很大程度上避免我们的回答张冠李戴。很多同学在学习中非常认真，但是考试的时候看到问题都不知道题目到底考察哪个知识点，这样的话是很难取得好成绩的。

接下来我们通过具体案例，来看下政治问答题该如何进行背诵。

案例1：政府接受监督有什么意义？

政府接受监督是坚持依法行政，做好工作的必要保证。

①才能提高行政水平和工作效率，减少和防止工作失误。

②才能防止滥用权力，防止以权谋私、权钱交易等腐败行为，保证清正廉洁。

③才能更好地作出正确的决策。

④才能真正做到为人民服务、对人民负责。

案例2：政府如何树立权威？

①政府及其工作人员要科学决策、依法行政、审慎用权、优化公共服务、完善社会管理，要自觉接受人民监督，和人民群众保持和谐关系。

②政府及其工作人员要有良好的业绩。

③政府工作人员要重品行、作表率，坚持权为民所用，情为民所系，利为民所谋。

案例3：依法行政的意义是什么？

①有利于保障人民群众的权利和自由。

②有利于加强廉政建设，保证政府公职人员不变质，增强政府的权威。

③防止行政权力的缺失和滥用，提高行政管理水平。

④有利于带动全社会尊重法律、遵守法律、维护法律，推进社会主义民主法治建设。

这三道问答题比较相似，我们就以它们为例，看看运用记忆方法能不能实现政治问答的速记。由于通过文字解释方法比较啰嗦，大家可以扫码观看视频来进行学习。当然大家也可以自己先尝试下，再看视频。

（扫一扫观看视频）

> **总结**
>
> 对于政治知识点的背诵不要盲目，可以将知识分类后使用故事联想和记忆宫殿等方法来进行记忆。

第八节　如何记忆生物知识点

生物知识点的记忆和地理知识点记忆相似，因为都有大量图案需要记忆。但是生物中的图案和地理中的图案记忆是不同的，地理中的图案需要你掌握读图的技巧，利用这些技巧来识别考题，而生物的图案则是原封不动地反馈，只要记住了就能回答出来。

生物知识点的记忆重点在于每个部位的具体名称。像这种材料的记忆，我们也可以使用图像记忆法来操作。接下来我们通过案例来看看如何记忆生物中的图案。

案例：视网膜的结构。

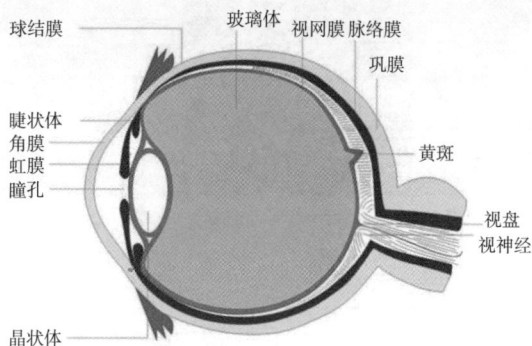

外膜：角膜（外膜前部，无色透明，可透光）、巩膜（白色，保护眼球内部）。

中膜：虹膜（虹膜稍后面，内有平滑肌，能收缩舒张，调节晶状体的曲度）、脉络膜（占中膜约后部2/3，内有血管，色素细胞遮光使眼球内部形成"暗室"）。

内膜：视网膜，内有大量感光细胞。

思路：根据各个部位的作用和特点进行联想。

第一部分，外膜。角膜是外膜的前部，无色透明，可透光，可以联想成家里的窗户，因为窗户是房屋最外面的一个结构，而且是无色透明的，可以透光。通过联想窗户上有四个角就记住了"角膜"。接下来是巩膜，联想窗户后的白墙，是拱起来的。巩膜起到保护眼球内部的作用，联想白墙起到保护房屋内部的作用。

第二部分，中膜。虹膜稍后，内有平滑体，联想客厅中有一块地毯，这块地毯铺在了窗户稍后面的一个位置。平滑肌可以联想有一个人，他光着身子躺在地毯上。他的肌肤特别顺滑，毛孔能收缩舒张。地毯上还有一个水晶茶几，它有一定的曲度。这样可以把虹膜的相关的功能都记住。地毯没有盖住的后2/3地板上有很多的脉络，里面流动的竟然是血液。仔细看看，一些脉络破裂涌出血来，干结之后形成"暗色"。我们利用这个地板就可以记住脉络膜的一些特征。

第三部分，内膜。正对窗户的墙上有一台电视，电视会发散出很多光。这样我们就把内膜的结构记住了。

在记忆生物的知识点时，我们同样要利用我们的长时记忆，将陌生复杂的知识转化成熟悉的内容来记忆。除了这些图片，生物当中还有很多实验的步骤需要记忆。这种内容比较多的知识点，我们可以发散随机记忆宫殿来进行记忆。

> **总结**
> 对于生物知识点的记忆，我们也是要想办法对知识进行"降维"，这样我们记忆起来就不再困难。

第九节　如何记忆理科知识点

我们在学校里学习的知识可以分成3类。第一类是认知型的知识，这类知识不要我们掌握，主要是老师课堂导入的内容；第二类是"背多分"类的知识，历史、地理、政治都属于这一类，这类知识在学习中占比也是最高的；第三类就是规律类知识，需要我们掌握知识的内涵才能取得好成绩，比如数学、物理、化学。

在我们这节要分享的理科知识当中，绝大多数是需要我们掌握其中规律才能取得好成绩的，不是单纯把公式记住就行。对于理科的知识，不建议大家用图像记忆法来记忆，一般是理解后，通过有针对性的练习，才能取得好成绩。

如果我们非要用图像记忆来记公式，也不是不可以，像数学中，我们经常会用歌诀法来记忆一些公式。接下来我们来看看如何用图像记忆法来记忆理科的公式。

案例 1：二次函数的解析式为 $y = ax^2 + bx + c(a \neq 0)$，其顶点坐标为 $\left(-\dfrac{b}{2a}, \dfrac{4ac - b^2}{4a} \right)$。

思路：我们主要尝试用记忆法记忆顶点坐标。横坐标和纵坐标分别可以读作"负2a分之b"和"4a分之4ac减b方"。

以"二次函数"为定位，联想在车站喊了2次叔叔，和他道别的画面。叔叔的衣服（把"负"谐音成"衣服"的"服"）拉链两侧口袋里有2支单位分的笔和纸，笔的外壳上还有a的图案。叔叔快赶不上火车了，于是用最快速度奔跑。他在4a检票口检票上车，在4a检票口有两个分支，一条路是走楼梯，另一条路是坐电梯。他选择坐电梯，发现笔掉了，于是手（手张开虎口像字母c）捡起笔放（由"$c–b$方"谐音得到）好。这样我们就能把二次函数的顶点位置坐标给记住。

案例2：化学方程式的记忆。

金属与盐溶液之间发生置换反应，生成金属单质。比如：

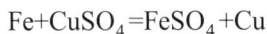

$$Fe+CuSO_4=FeSO_4+Cu$$

思路：我们先将这个化学方程式转化成中文，"铁和硫酸铜反应生成硫酸亚铁和铜。"当然，对于置换反应能理解的小伙伴记忆起这个方程式来非常简单，但对于没有学过化学或者已经遗忘化学知识的小伙伴，我们用故事串联法也能把这个方程式给记住。

由"铁"可以联想到"铁齿铜牙纪晓岚"，想象纪晓岚被流放（由"硫酸"谐音得到），被迫到工厂里做铁桶（把"铜"谐音成"桶"）。这样我们就能记住这个化学方程式。

关于化学方程式的配平，我们可以通过元素守恒和化合价升降守恒来推导。

通过上面的案例，相信大家对于用记忆法记忆理科的公式有了一定的了解。用记忆法来记忆公式不是不可以，但是对于大家的联想能力要求比较高。所以对于公式的记忆最好是运用

理解记忆，对于复杂的或者容易混淆的公式可以适当运用记忆
法来进行区分和记忆。

> **总结**
>
> 对于理科的公式记忆，最好是理解原理，迫不得已也
> 可以将公式拆分成图像来记忆。

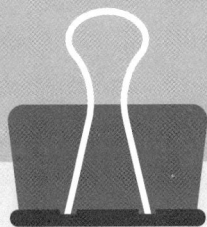

第七章
成人考证实战案例

这一章以成人考试要面临的记忆材料为例，看看如何用我们的记忆方法记忆各种考试的材料。

第一节　如何记忆教师资格证知识（一）

在教师资格证考试当中，《教育知识与能力》的很多知识点需要大家记住才能答题，因此它是教资复习当中最难啃的一块骨头。这里就给大家分享一下用费曼学习法来加工记忆这部分知识点的步骤。

案例：我国中小学常用的教学原则有八个，科学性与思想性统一原则、直观性原则、启发性原则、循序渐进原则、巩固性原则、理论联系实际原则、因材施教原则、量力性原则。

思路：这里一共有8条内容需要我们记忆。通读并理解后，我从"启发性原则"和"循序渐进原则"中受到启发，联想到喝红酒的场景。因此，我就用喝红酒过程中发生的动作以及接触的物体来记忆这8条内容。

由启发性原则可以想到喝红酒需要酒起子，这里用的是谐音法。由循序渐进可以想开红酒塞子的时候是一步一步慢慢来的。由科学性和思想性统一可以想到喝酒要适度，每个人杯子里倒的红酒一样多。直观性原则可以联想有的人喝了一口红酒脸就红了，很直观地表明这个人不能喝酒。巩固性原则可以联想有的人喝酒的时候啃了根骨头，这里也是用的谐音法。理论联系实际原则可以想喝酒的时候吹牛说自己下棋、打麻将多么厉害，喝完酒就开始下棋对决。因材施教原则可以联想下棋的时候教自己的孙子一起下，因为他对象棋也挺感兴趣的。最后一个量力性原则可以联想，下棋的时候如果棋艺不如别人也不能生气，量力而为就可以了。

经过这个喝红酒过程的加工，我们很容易就记住了这8条内容。有的小伙伴可能有这样的疑问，就是虽然通过回忆喝酒的场景能回忆起来，但是记的内容多的话可能就没办法回忆起来自己到底是用什么场景记的了。那这个问题如何解决呢？其实也很简单，只需要把这个问题的题目和你记忆联想的场景结合一下就可以了。比如这个题目是"中小学常用的教学原则"，可以想过年的时候上学的孩子是不能喝酒的，或者用谐音的方式，联想过年喝酒的时候窗外下着小雪或中雪（"小学"或"中学"的谐音），这样都能联系起来。

费曼学习法可以帮助我们轻松地记忆这种有逻辑、比较容易理解的知识点。如果单纯地靠死记硬背，没有和自己的长时记忆产生联系的话，我们是很难短时间里记住这么多知识点的。费曼学习法的本质其实就是打比方，根据自己的理解把要记忆的内容比喻成自己曾经经历过的事情，这样我们的记忆效率就会大幅提升了。

> **总结**
> 对于教师资格证考试里的知识点，我们可以通过使用费曼类比进行加工后再记忆。

第二节　如何记忆教师资格证知识（二）

这是第二篇教师资格证考试知识点记忆实战分享。我们用最容易上手的题目定位法来示范必考的简答题，看该如何快速记忆它们。题目定位法需要我们把要记忆的简答题的题干利用起来。

接下来通过案例来分享下，该如何用这种方法来记忆简答题。

> **案例 1：**教师职业道德包括，爱国守法（基本要求）、爱岗敬业（本质要求）、关爱学生（师德的灵魂）、教书育人（教师的本职工作）、为人师表（内在要求）、终身学习（不竭动力）。

思路：这个题目共有6个字，而这道简答题的内容刚好有6条，所以我们就可以把这个题目拆分成6部分，然后用一个部分来记忆一条的内容。

第一个字"教"，可以联想成教室。联想教室里全体师生一起唱国歌的画面，我们就能记住第一条的内容了。

　　第二个字"师"，可以联想成狮子。联想狮子妈妈在哺育自己的孩子，寸步不离，显示出母亲的伟大。这样我们就能记住第二条的内容了。

　　第三个字"职"，可以谐音成手指。学生的手指甲很长，老师亲自给学生剪指甲。这样就能记住第三条的内容。

　　第四个字"业"，可以谐音成树叶。联想老师在教大家树叶的结构和组成，这是教书育人的过程。这样就能记住第四条的内容了。

　　第五个字"道"，可以联想成道路。联想在校园道路上，老师捡起垃圾扔到垃圾桶，为人师表，以身作则地展示良好的形象。这样就能记住第五条的内容。

　　第六个字"德"，可以联想成德芙巧克力。联想在德芙巧克力不停研发新口味。这样就能记住第六条的内容。

　　当然有的小伙伴会问，如果题目的文字数量和答案的条数不对应该怎么办呢？这时就需要我们灵活处理了。再给大家举个例子。

案例2：教育观包括，面向全体学生；促进学生全面发展；促进学生创新精神和实践能力的培养；发展学生的主动精神，促进学生个性健康发展；着眼于学生的终身可持续发展。

思路：我们还是用题目定位法来记忆这道简答题。

第一个字"教"，联想成教鞭（和上一个案例区分开）。联想老师拿着教鞭面向全体学生，让他们德智体全面发展。这样我们就能记住前2条的内容。

第二个字"育"，联想成金鱼。联想学生去钓鱼，用自己创造的渔网来抓。学生们都很积极主动，有的学生想徒手抓，老师也同意了。这样就能记住第3、第4条的内容。

第三个字"观"，可以联想成观光塔。学生们陆陆续续，持续地往观光塔顶部爬。

希望大家通过上面2个案例掌握题目定位法这种速记方法。希望读者朋友中要参加教师资格证考试的都能顺利通过！

> **总结**
> 题目定位法可以帮助我们记忆教师资格证考试中涉及的知识点。

第三节　如何快速记忆教师编考试内容

直接上案例，看看教师编考试的主观题部分该如何进行记忆。这里主要分享的是用记忆宫殿来记忆简答题的方法。

案例：建立良好的师生关系，要求教师做到以下几点。

①了解和**研究学生**。教师要与学生建立**共同语言**，使教育影响深入**学生的内心世界**，就必须了解和研究学生。

②树立正确的学生观。教师应把学生看作**发展的人**、独特的人、具有**独立意义的人**。

③**热爱、尊重学生，公平公正对待学生**。热爱学生包括**热爱所有学生**，对学生充满爱心、经常走到学生之中，忌挖苦、讽刺学生，忌粗暴对待学生。

尊重学生特别要**尊重学生的人格**，保护学生的自尊心、维护学生的合法权益，避免师生对立。教师处理问题必须公正无私，使学生心悦诚服。

④**主动与学生沟通，善于与学生交往**。教师应发挥沟通与交往的主动性，经常与学生保持接触、交心。同时，教师还要掌握与学生交往的策略和技巧。

⑤努力提高**自我修养，健全自身人格**。教师应提高师德修养、知识能力。树立正确的教育态度，培养良好的个性心理品质。

思路：加粗部分是我找到的关键信息。这个简答题可以用教室里的5个物体来记忆，比如黑板、讲台、书桌、椅子和教室窗帘。

用黑板来记忆第一条，可以想黑板上有一些不好好听课的学生的姓名，来研究下他们为什么不好好学习，然后课间把这些同学叫到办公室跟他们谈心，找到共同语言，走进他们的内心世界。

用讲台来记忆第二条，讲台旁边围了很多学生，其中有个女孩子头发是展开的（发展的人），并且在讲台上金鸡独立（独立意义的人）。

用书桌来记忆第三条，上课的时候会叫每个同学起来回答问题，如果有的同学确实回答不出来也不会去挖苦、讽刺学生，尊重学生的人格。

用椅子来记忆第四条，坐在学生的椅子上和学生沟通、交心，和同学们用开玩笑的语气讲话。

用窗帘来记忆第五条，可以想教室的窗帘被风吹得乱跑，学生主动把窗帘收好，说明学生的自我修养很好，所以老师也要及时去夸赞孩子，树立正确的教育态度。

在这里主要示范的是记忆一些关键信息的方法，如果想要做到一字不差地记忆，需要再掌握一些修饰的技巧，比如把所有信息和记忆宫殿结合在一起进行记忆。

总结

对于一些问答题的记忆，我们可以根据题目的内容发散出相应的场景，然后在场景中寻找记忆宫殿来进行记忆。

第四节　如何背诵考研政治（一）

考研政治记忆中有两大难点，一是哲学类知识点，二是时事政治知识点。本节首先以哲学类知识点为切入点。

接下来我们就以考研必背的哲学题为例，看看这类知识点该如何快速记忆。

> 案例：如何理解"危和机总是同生并存的，克服了危即是机"？

矛盾是反映**事物内部和事物之间对立统一**关系的哲学范畴。**同一性和斗争性**是矛盾的**两种基本属性**，是矛盾双方相互联系的**两个方面**。**同一性**是指矛盾双方**相互依存、相互贯通**的性质和趋势。它有两个方面的含义：一是矛盾着的对立面相互依存，互为存在的前提，并共处于一个**统一体**中；二是矛盾着的对立面之间**相互贯通**，在一定条件下**相互转化**。

思路：这段内容有点抽象，我以打篮球来进行比喻。打篮球时如果我们躲避了对方的盖帽，就有机会投篮了。这样是不是能记住题目"危和机总是同生并存的，克服了危即是机"？接下来记忆具体内容中的关键部分，我已经加粗给大家表示出来了。

第一句话，可以想到篮球比赛有进攻和防守两方。比赛之前要吃食物补充能量，比如吃士力架。有的士力架是在一个桶里（事物内部），有的士力架是单独包装的（事物之间），它们都放在一起。

第二句话，想到在比赛前开会确定统一的战术，会后大家一起握拳喊"加油"（斗争性）。

第三句话，想象开会的时候大家依靠在一起，互相握手加油打气（相互贯通）。

第四句话，想到开始比赛了，攻守双方在同一个赛场上比赛。

第五句话，比赛中队员和对手相互穿插跑位，攻守是随时转化的。

这样就能记住这个问答题了。当然也要多回忆几次，才能形成长久的记忆。

对于考研政治里的哲学问答题，我们要把抽象的内容形象化、具体化，然后在具体的事件中寻找能和问答题内容相关联的物体或者动作，这样我们就可以提升背诵哲学知识点的速度。

总结

将哲学观点具象化，我们就能找到背诵哲学内容的一个重要突破口。

第五节　如何背诵考研政治（二）

对于考研政治来说，除了哲学的内容比较难背，还有一些时事政治类的内容也比较难背，而且这部分内容每年都在更新，无法提前做准备。针对这类知识点，我们可以使用"秘密武器"来解决。

接下来我们通过具体案例来看当涉及时事政治类的内容时，该如何快速记忆。

> 案例：为什么说"幸福是奋斗出来的"，"实现中华民族伟大复兴的中国梦需要一代一代青年矢志奋斗"？

幸福不是从天上掉下来的，梦想不会自动成真。幸福源自奋斗。奋斗本身就是一种幸福，只有奋斗的人生才称得上幸福的人生。一切伟大成就都是接续奋斗的结果。一切伟大事业都需要在继往开来中推进。青年是国家和民族的希望。一代一代青年人不怕苦、不畏难、不惧牺牲，矢志奋斗，就一定能够实现中华民族伟大复兴的中国梦。

思路：这个答案有7句话，有记忆宫殿的话，可以找7个桩子来轻松记住。我想到吃美食的时候很幸福，所以用做饭时用的物体作为桩子。做菜的时候，先从冰箱拿出菜，在水龙头下清洗，然后拿出菜板、菜刀切菜。打开燃气灶，放上锅，倒上花生油……从这一连串动作中，可以提取出冰箱、水龙头、菜板、菜刀、燃气灶、锅、花生油这7个桩子。每个桩子对应一句话。

冰箱：冰箱上过年贴的福字从天上掉下来，我们需要自己贴上，它不会自己又回到原位。

水龙头：用水龙头把菜上的粉都冲走（这里用了谐音）。

菜板：在菜板上奋力切菜，马上就能吃到饭了，感觉很幸福。切完菜然后用菜板切人参（"人生"的谐音）果吃，感觉很幸福。

菜刀：用菜刀雕刻萝卜，伟大成就是奋斗的结果。

燃气灶：燃气灶点火，火越来越大。

锅：家家户户吃大锅饭，青年把自己家的锅拿去炼钢，这是国家和民族的希望。

花生油：花生油溅到自己手上，很苦、很难，只有不怕牺牲，才能继续把菜做好。

联想完了，再复习一下，基本上就能背过了，并且可以达到抽背、倒背如流的效果。

对于考研政治的知识点，我们在确实无计可施的情况下，可以发散随机的记忆宫殿，利用记忆宫殿来记忆。

总结
对于时事政治类知识，我们可以发散出与其相关的记忆宫殿来进行记忆。

第六节　如何记忆法律条文

对于想参加司法考试的读者来说，背诵法律条文可能是最头疼的问题。针对这类知识，除了要联系生活实际来记忆，还要想办法对它们进行分解，使用记忆宫殿来记忆。

接下来我们通过具体案例，来看看法律条文该如何进行记忆。

案例：《合同法》第九十四条，关于合同的**法定**解除，规定有下列情形之一的，当事人可以**解除合同**。

①因**不可抗力**致使不能实现合同目的。

②在**履行期限届满**之前，当事人一方**明确表示**或者以自己的**行为表明**不履行**主要债务**。

③当事人一方**迟延履行**主要**债务**，经**催告**后在**合理期限**内仍未履行。

④当事人一方**迟延**履行债务或者有其他**违约行为**致使不能实现合同目的。

⑤法律规定的**其他情形**。

思路：我们先要把这些内容通读几遍来理解它的主要意思。分别找到每一条内容里面的关键词（加粗部分）。通过这些关键词，我们就能回忆起来关于合同法定解除的相关内容。

接下来我们用比较容易理解的方法来记一下。通过题目中的关键词来寻找长时记忆当中的一些场景。比如我通过"解除合同"想到了1997年香港回归的场景。当中国和英国解除（租借）合同以后，香港回归祖国。通过香港我们能想到**紫荆花**。这又让我想到了我们家用的天然气的公司是港华紫荆，从而想到**煤气灶**。煤气灶上面有**锅**，通过这个锅想到**铲子**，通过铲子又可以想到**植树**。

给大家30秒的时间来记忆这些词语以及它们的顺序。接下来我们就通过这些加粗的这些词语来记忆案例内容。

线索	记忆关键词	联想
紫荆花	不可抗力	在约会的时候，你要送给一个女生紫荆花，结果因为下大雨（不可抗力），约会取消了。
煤气灶	履行期限届满、明确表示、行为表明、主要债务	这个煤气灶用了近十年（履行期限届满），里面的打火石的颜色会发生变化（明确表示），你再用手来打火就一直打不起来（行为表明）。于是，在住宅（主要债务）里重新安装煤气灶。
锅	迟延、债务、催告、合理期限	做饭的时候，我们每个人都是要吃盐（迟延）的。做菜时用锅盖捂（债务）起来，搞一些脆的粉丝（催告）。要看好时间（合理期限），不能糊了。
铲子	迟延、违约行为	用铲子往菜里放一些盐（迟延），结果放多了（违约行为）。盐吃多了高血压，导致家庭不和睦（合同目的）。
植树	其他情形	小树上一般会刷些油漆（其他），它叶子是青色（情形）的。

最后就是复习了，我们在记完新知识以后，要抽空再进行复习。一般我都会建议大家一周复习四次，就是在一周的任何

时间，找出四个时间段来复习你这周学习的内容。如此，基本
上就可以形成长时记忆。

> **总结**
> 对于法律条文，我们可以通过发散随机记忆宫殿来进
> 行记忆。

第七节　如何记忆一级建造师考试知识

一级建造师考试里的很多知识点说实话非常的形象，但是
形象的内容太多也会对记忆造成困扰。这里我们以《机电实
务》里的具体知识来分析下一级建造师考试当中的内容该如何
用记忆法快速记忆。

案例：工业管道的吹洗规定。

①压力试验合格后进行。

②吹洗前编制方案。

③公称直径大于或等于600mm的液体或气体管道，用人工
清洗。

④小于600mm的液体管道用水冲洗，蒸汽管道用蒸汽吹扫。

⑤小于600mm的气体管道用压缩空气吹洗。

⑥非热力管道不得用蒸汽吹扫。

思路：其实这些案例的很多内容我也是第一次接触，有些内容能看懂一些，大部分内容我是不理解的，但是这丝毫不影响我们使用方法来记忆。

比如这个案例，我们可以联想成理发店早上刚开张时候的情形，从后往前来进行记忆。

记忆内容	联想
非热力管道不得用蒸汽吹扫	早上第一件事情就是打扫理发店的卫生，把地上的头发扫干净。
小于600mm的气体管道用压缩空气清洗	理发店里的设备用压缩空气清洗。
蒸汽管道用蒸汽清洗	理发店里的烫头设备用蒸汽进行清洗。
直径达到600mm的液体或者气体规定用液体清洗	理发店的洗头池子也需要清洗。
编制方案、压力测试	早上有客人来理发，需要先给客人设计方案。理完发之后用吹风机吹干头发。把吹风机插头插到电源上要测试下压力。

这样我们就把专业知识点转化成了自己熟悉的理发的场景。把陌生的知识转化成自己所熟悉的图像，这样我们在记忆的时候就会轻松很多。

> **总结**
>
> 对于专业性很强的知识，即使我们无法理解，也可以将其转化成自己熟悉的场景来进行记忆。

第八节 如何速记社会学知识

对于社会学考研的专业知识，也可以使用记忆方法来快速进行记忆。接下来我们通过具体案例，看看如何用记忆法记忆社会学专业知识。

> **案例1：** 社会的功能有，整合的功能、交流的功能、导向的功能、继承和发展的功能。

思路： 这个题目可以想成下象棋。下象棋先要把棋子整合。两个人下棋要交流。"导向"功能可以想下棋要将军的导向。"继承"和"发展"就想爷爷教孙子下棋，孙子更厉害了。题目"社会功能"想2个社会上的大爷下棋的场景。

> **案例2：** 文化的社会功能有，认同功能、规范功能、整合功能、教育与教化的功能。

思路：可以想路边有个残疾人写书法作品卖（文化社会），大家都来看，很认同。字写得好看、规范。把字和书卷整合起来，买一副给孩子（教育教化）。

案例 3：怎么理解社会的特点？

①社会是由人群组成的。

②社会以人与人的交往为纽带。

③社会是有文化、有组织的系统。

④社会是以人的物质生产活动为基础的。

⑤社会系统具有心理的、精神的联系。

⑥社会系统是一个具有主动性、创造性和改造能力的活的机体。

思路：联想很多人参加相亲大会，人和人互相交流看看要不要交往。这次活动是由相亲大会组织的。相亲一开始想谈就要以彩礼作为物质基础，再谈感情就是精神。男生发挥主观能动性才能追上女孩。

案例 4：文化的基本特性有哪些？

文化的基本特性主要包括：超生理性、超个人性、象征性、全括性、整体性、传递性与变迁性。

　　思路：这个问答题可以提关键字并串联起来："生个象全整传变"，想象绳子把一个大象全部整个绑起来放在船边运走的画面。题目提取关键字"文基特"，联想大象很稳，自己也特别重。

　　很多时候我们记不住知识，不是因为知识太复杂或者我们不理解，而是这个知识点离我们太遥远，只要拉近我们和知识点的距离，记忆就会轻松很多。当我们将知识和实际生活联系起来，就能拉近和知识间的距离。

总结

对于心理学的知识，我们需要将知识转化成生活中熟悉的场景，然后串联成故事来记忆。对于比较简短的内容，也可以使用歌诀法来进行记忆。

第九节　如何快速记忆人力资源管理师考试知识

　　先看看案例，想想如果让你自己来记忆的话该怎么记。

> 案例：劳动定额定期与不定期修订的内容和方法。

　　劳动定额定期修订的内容和方法：

①新产品的定额应在小批试制后完成。

②小批试制后，成批生产前，再修改一次定额。

企业在以下情况时，可进行不定期修改：

①产品设计结构发生变动。

②工艺方法改变。

③设备或工艺装置改变。

④原材料材质、规格变动。

⑤劳动组织和生产组织变更。

⑥个别定额存在明显不合理可给予补加偏差工时，而不修改现行定额。

我们之前已经看过不少案例了，接下来大家在看案例时可以自己先思考，想想如果让你记的话你会如何操作，之后再看我的思路。这样对大家的学习更有帮助。

思路： 这是人力资源管理师证书考试中的问答题。在记忆这个问答题的时候，第一步，先把这个题目多读几次，进行理解。当然，对于没有这方面经验的小伙伴，想要理解这些内容也是比较困难的。但是当你掌握了一些记忆技巧之后，就能跨专业来进行学习。第二步，寻找题目里的关键信息。这个问题里面其实包含了两个小问题。第一个问题中的劳动、定额、定期这3个关键词可以类比成我们每天用的牙膏。每天刷牙是一种劳动。刷牙用到牙膏是一定的。每天要刷2~3次牙，联想为定期。进行这样的类比后，我们再来进行记忆就简单了。

第一条内容可以联想如果你想换一个新的牙膏品牌，需要先尝试一下确定效果好之后再换。

第二条内容可以想试用过后确实不错，大量购买新牙膏后，每天挤牙膏的量可以改变一下，比如由原来的5mm改成1cm。这样我们就能把第一个小问题给记住。

第二个问答题中的不定期、修订可以类比成女生理发的过程。因为女生修剪发型不是定期的，可能是几个月，也可能半年修改一次发型。

第一条内容可以联想女生的发型由直发想改变成卷发。

第二条内容可以联想直发和烫卷发的工艺方法是不同的。

第三条内容可以联想在烫发时需要用烫发的设备和装置。

第四条内容可以联想烫发时用的染发剂和直发用的染发剂材料材质和规格是不一样的。

第五条内容可以联想成在理发店里，洗头小哥和发型师来回变更。

第六条内容可以联想洗头小哥一小时的工资和理发师一小时的工资存在明显差别和不合理的情况。这样我们基本上就能把这个问答题给记住了。

通过费曼类比，我们可以把一些有逻辑性的问答题转化成自己比较熟悉的生活场景来记忆，这样就能大幅减轻我们的记忆负担。

> **总结**
>
> 在记忆有逻辑的知识点时，我们可以使用费曼类比的
> 方法来提升记忆材料的辨识度，从而提升记忆效率。

第十节　如何快速记忆公安学概论专业知识

这一节我们来背诵考研专业课《公安学概论》中的内容。先来看具体案例，然后自己思考下具体该如何记忆。

> 案例：公安工作的特点。

①国家性和社会性相结合。

②"剑"的作用与"盾"的作用相结合。

③实力性权威和非实力性权威相结合。

④隐蔽性与公开性相结合。

⑤集中性与分散性相结合。

⑥机动性与稳定性相结合。

用死记硬背的方法，这个案例至少要背10遍，而使用正确的记忆方法的话，可能只需要一遍就能够把这些内容给记住。

思路：我们可以结合电视剧《扫黑风暴》中的剧情来记忆这道问答题。比如中央督导组来到绿藤市进行扫黑除恶专项行

动，要发动社会群众揭发黑恶势力。督导组是国家派遣的。这样就能记住第一条"国家性和社会性相结合"。

第二条"剑的作用和盾的作用相结合"，可以把剑和盾谐音成"看见几吨的卡车"。孙红雷扮演的角色李成阳看到卡车后，认为超载了，要将其拦下了。这样就能记住实力性权威（警察有权威）和非实力性权威相结合（重型卡车没有权威）。

接下来，大卡车司机被带到警局里进行审讯。审讯是隐蔽的，然后判刑在法院上需要公开。这样就能记住第三条"隐蔽性与公开性相结合"。老百姓上法院时是集中的，结束了就分散了。这样就能记住第五条"集中性与分散性相结合"。大卡车是机动车，而且很重，也能记住"机动性和稳定性相结合"。

总结

通过将陌生的知识转化成我们熟悉、了解的知识，就能很轻松地记住比较复杂的知识了。

第十一节 如何记忆政法队伍应知应会知识点

我们还是用具体案例来讲述如何高效记忆。

案例 1：中央八大规定是，改进调查研究、精简会议活动、

切实改进会风、规范出访活动、改进警卫工作、
改进新闻报道、严格文稿发表、厉行勤俭节约。

思路：记忆法讲究以熟记新，所以我用自己身边发生的一件新闻来记忆这个知识点。由于小区里一名儿童触电身亡，记者来到小区调查（调查研究）。小区里的居民都聚集在一起讨论这个事件（会议活动）。记者将事情的前因后果写成新闻稿（文件简报）。新闻报道后，记者又来到该小区（出访活动），小区保安说记者添油加醋，所以阻止记者再采访（改进警卫工作）。于是记者修改了新闻稿（改进新闻报道），通过层层审核后重新发表（严格文稿发表）。记者从这件事情中学到了很多，打算请小区保安吃饭，但是小区保安不去（厉行勤俭节约）。

案例 2：党风廉政建设与腐败斗争的四个统一。

①坚持高标准和守底线相统一。
②坚持抓惩治和抓责任相统一。
③坚持查找问题和深化改革相统一。
④坚持选人用人和严格管理相统一。

思路：我还是用"小区儿童触电事件"的后续来记忆这个知识点。在这次事件后，物业查找问题，深化改革（查找问题和深化改革），设立了新的管理标准（高标准和守底线），确

立了相关事务的责任人（抓惩治和抓责任）。小区保安的行为受到表扬，物业决定以后都按这个标准选人和用人（选人用人和严格管理）。

目前为止已经给大家分享了各行各业的各种专业知识的记忆案例，你有没有跃跃欲试的感觉？抓紧时间拿出你要背诵的专业知识，使用刚学会的方法尝试记忆吧！

> **总结**
> 做比想更重要，学习再多的理论和方法，如果不付诸行动，也会徒劳无功，学习记忆方法尤为如此。

第十二节　如何快速记忆心理学专业知识

接下来我们通过具体案例来分析下，心理学的知识点该如何快速记忆。

> 案例 1：（　　　）是个体在潜意识中将自己真实存在的、但若承认就会引起焦虑的事转嫁于他人。

A.转移或代替　　　　B.压抑

C.投射　　　　　　　D.反向形成

　　思路：这个题目的正确答案是C。投射容易让人想到打篮球中的投篮。有的篮球运动员水平比较高，他们不停地训练投篮，就会形成一种肌肉潜意识。某天比赛的时候，他状态不好，如果他承认了这件事情，就会引起周围队员的焦虑，所以他选择把到手的球投射给防守压力比较小的队友，让他们去投篮。这样就可以记住转嫁于他人。我用一个场景类比，把这个问题变成了形象的记忆。

> **案例2**：（　　　）是来访者在会谈过程中，对他自己刚才所说的话、所体验到的感觉的一种反应。

　　（A）创造性沉默　　　　　（B）自发性沉默

　　（C）冲突性沉默　　　　　（D）概括性沉默

　　思路：这也是道概念题，答案选A。根据案例中的关键词"创造性沉默""来访者""会谈"和"反应"，我会联想到变魔术的场景。为什么呢？因为魔术师在正式开始变魔术之前总是要让观众保持安静，不要说话，营造一种神秘的氛围（创造性沉默）。魔术师还常常让观众（来访者）与他互动。其实他们是"托儿"，和魔术师配合，说一些话（会谈），烘托出魔术表演的神奇。其他的观众看到节目效果，反应热烈（反应）。这样一来，通过这个场景，我们就把这个知识点都记住了。

> **总结**
>
> 对于心理学专业知识的记忆，我们可以参考法律条文的背诵，转化成熟悉的场景来进行记忆。

第十三节　如何背诵演讲稿

在本书第二章里分享过使用数字定位法来记忆演讲稿，这里我们再分享另一种背诵演讲稿的方法。对于很多上班的人来说，经常会遇到在公共场合发言的机会，有时即使你做好了充足的准备，但还是会因为紧张而忘记发言的具体内容。

那我们该如何记住演讲稿里的内容呢？这里篇幅有限，主要给大家分享方法，我们就用一段内容为例，看看使用随机记忆宫殿，如何快速记忆演讲稿。

案例：演讲片段一则。

缺憾是幸福的增味剂。李白终生仕途不顺、屡遭排斥，苦涩的命运却成就了一位"诗仙"，"天生我材必有用，千金散尽还复来"的豪情更令人神往；陶渊明抛官弃职的决定让他的仕途有了缺憾，然而他那份"采菊东篱下，悠然见南山"的恬淡却也让古典诗歌有了里程碑式的发展。

　　思路：我们就以这段话为例，看看如何来记忆。通过"增味剂"可以联想到家里的食用盐，然后联想到鸡精，再联想到母鸡—鸡蛋—西红柿—圣女果—林志玲—黄渤。这些内容是根据我们的长时记忆联想出来的。然后用一个具体图像记忆一条就可以了。

　　用食用盐记忆"李白终生仕途不顺、屡遭排斥"，李白联想到李荣浩写过《李白》这首歌，他唱歌的道路不顺，做饭的时候放盐过多屡遭排斥。

　　用鸡精来记忆"苦涩的命运却成就了一位"诗仙"，苦涩可以想到苦瓜，可以想用鸡精炒的苦瓜很咸。

　　用母鸡来记忆"天生我材必有用，千金散尽还复来"，母鸡一出生下来就是为了下蛋的，下了千斤鸡蛋后还能接着下。

　　用鸡蛋来记忆"陶渊明抛官弃职的决定让他的仕途有了缺憾"，鸡蛋的形状是圆圆的，需要我们从鸡窝里掏出来，然后用手电照明，看看有没有受精，如果没有受精，就打破鸡蛋，这样就有了缺憾。

　　用西红柿来记忆"采菊东篱下，悠然见南山"，西红柿种在篱笆下，吃西红柿能看到南山。用圣女果来记忆"恬淡却也让古典诗歌有了里程碑式的发展"，圣女果用舌头舔感觉很淡，今天破纪录吃了1斤圣女果，具有里程碑式的发展。

　　这样一个词语记忆一部分内容，就能很快把这一段记住。

> **总结**
>
> 我们在背诵演讲稿时，可以发散随机的记忆宫殿来进行记忆。

第十四节　如何记忆管理学的知识

直接用案例来分享一下，如何用记忆宫殿来记忆管理学知识点。

案例1：业务外包风险。

第一，外包范围和价格确定不合理，承包方选择不当，可能导致企业遭受损失；

第二，业务外包监控不严、服务质量低劣，可能导致企业难以发挥业务外包的优势；

第三，业务外包存在商业贿赂等舞弊行为，可能导致企业相关人员涉案。

思路：这里根据题目关键字"外包"可以联想到女生背的包，然后由背包联想到钱包，然后钱包里放着银行卡。这样联想出了背包—钱包—银行卡，这3个记忆宫殿的桩子。用这3个桩子来记忆上面问答题的3条内容就可以了。

第一条用背包来记忆，比如你想买一个名牌包包，找一个朋友来帮你代买，但是找的渠道不对，就相当于外包范围和价格确定不合理，承包方选择不当，导致你自己遭受损失。

第二条用钱包来记忆，可以联想由于自己监控不严，你的钱包被人偷走。找物业查监控的时候，物业服务态度低劣，因为小区的物业是对外承包的。

第三条用银行卡来记忆，可以联想有人用银行卡进行贿赂舞弊行为，导致相关人员涉案。

案例2：合同管理风险。

第一，未订立合同、未经授权对外订立合同、合同对方主体资格未达要求、合同内容存在重大疏漏和欺诈，可能导致企业合法权益受到侵害；

第二，合同未全面履行或监控不当，可能导致企业诉讼失败，经济利益受损；

第三，合同纠纷处理不当，可能损害企业利益、信誉和形象。

思路：根据题目合同管理，我们转化出记忆宫殿的第一个桩子——铜管，然后由铜管进行发散，可以发散出铜管—红牛饮料—红色的牛这3个桩子，然后用这3个桩子来记忆这3条内容。

用铜管来记忆第一条内容，可以联想一个人想要装修自己家的管道，请了一个装修队，结果没有签订合同，装修质量不过关，导致管道泄漏了。装修队欺诈房主，让房主合法权益受到侵害。

用红牛饮料来记忆第二条内容，在一个商店里，一个小偷戴口罩遮住脸偷饮料。监控发现后报警，但没有抓到小偷，便利店经济利益受损。

用红色的牛来记忆第三条内容，村里的牛喝村里工厂排放的污水变红并死掉了，找工厂处理，结果工厂不予理睬，损害了企业的信誉、利益和形象。

对于管理学的内容，我们可以借助随机的记忆宫殿，发散出满足我们记忆内容的桩子来进行记忆。

总结

在使用随机记忆宫殿进行发散时，不是盲目的，一定要根据材料的实际内容，发散出相对应的桩子。

第十五节　如何记忆消防工程师考试知识点

消防工程师考试的知识点和建造师考试的知识点有一些类似，这些材料本身就具有画面，但是直接用死记硬背来记也是比较困难的。我们看看使用记忆方法如何记忆消防工程师考试的相关知识点。

> 案例：下列建筑或场所应设置室内消火栓系统。

①建筑占地面积大于300m²的**厂房和仓库**。

②**高层公共建筑**和建筑高度大于21m的**住宅建筑**。

注：建筑高度不大于27m的住宅建筑，设管室内消火栓系统确有困难时，可只设置**干式消防竖管**和不带消火栓箱的DN65的室内消火栓。

③体积大于5000m³的**车站**、**码头**、**机场**的候车（船、机）建筑、**展览建筑**、**商店建筑**、**旅馆**建筑、**医疗**建筑、**老年人照料设施**和**图书馆**建筑等单、多层建筑。

④特等、甲等剧场超过800个座位的其他等级的**剧场和电影院**等，以及超过1200个座位的**礼堂**、**体育馆**等单、多层建筑。

⑤建筑高度大于15m或体积大于10000m³**的办公建筑**、**教学建筑**和其他单、多层民用建筑。

思路：首先寻找关键词，上面加粗的部分就是我寻找的关键信息。根据这个题干我们可以联想家走廊的灭火器，然后发散出红色箱子—玻璃门—钥匙—水带—水龙头这5个桩子，然后用这5个桩子来记忆这5条内容。

第一条我们用红色箱子来记忆，可以想在300m²的厂房和仓库摆满了红色箱子。

第二条用玻璃门来记，数字21的编码是鳄鱼，数字27的编码是耳机，可以想自己穿鳄鱼样子的睡衣，戴着耳机从玻璃门出来拿快递，发现楼道内的灭火器倒了，把它扶起来有困难。
ND可以联想成计算机，65谐音锣鼓，可以联想灭火系统是用计
算机控制的，发出的火警声音像锣鼓。

　　第三条用钥匙记忆，可以联想带着钥匙来到车站，坐车到
码头，然后又坐车到机场。机场候机厅有很多展览厅和商店。
下飞机后来到大城市的医院给老人看病。自己住酒店看图书，
给老人找人照料。

　　第四条用水带来记忆，用水带给剧场、电影院、礼堂、体
育馆冲洗打扫卫生。

　　第五条用水龙头来记忆，联想学校里的教学楼每个教室和
办公室都安装了一个水龙头。

　　这样我们就能把这道问答题中的关键信息用记忆宫殿记住了。

　　消防工程类的知识中涉及很多具体的数字，大家可以和实
际生活场景的面积进行比较，比如高21m是多高，面积300m²相
当于几个你家的面积等。通过具体的比较，你能更直观地感受
这些数字的大小。我们在使用记忆宫殿联想时，如果记完了找
到的关键词后，还有一些内容想记忆的话，可以再进行二次联
想，把你想记的内容转化成图像去修饰关键词转化的主图像。

> **总结**
>
> 对于比较复杂的知识，我们最后的杀手锏就是记忆
> 宫殿。

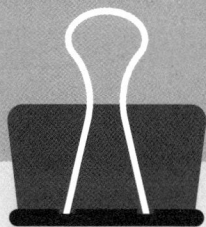

第八章
各种题型的记忆思路

这一章是对前面两章内容的总
结，看看对于各种题型的记
忆，我们该用什么样的思路来
解决。

第一节　选择题记忆思路

选择题分成两种题型，一种是单选题，另一种是多选题。单选题和上一节讲的填空题是比较类似的，我们在记忆的时候一定要重点突出答案，然后利用图像记忆法，将文字表述转化成图像。尤其是一些题库里的选择题，数量比较多，需要短时间内迅速记住，一定要使用这种方法。

下面的案例以《流体力学》的知识点为例。

案例 1：按连续介质的概念，流体质点是指（ D ）。

（A）流体的分子

（B）流体内的固体颗粒

（C）几何的点

（D）几何尺寸同流动空间相比是极小量，又含有大量分子的微元

思路：由题目中的"流体质点"联想地上有很多蚂蚁流动，然后用手指点蚂蚁。答案选D，可以联想成几何尺寸同流动空间相比是极小量（很多蚂蚁在地上爬，几何尺寸小），又含有大量分子的微元（蚂蚁的数量很多）。这样我们就能记住第一题。

案例 2：温度升高时表面张力系数（B）。

（A）增大　　　　（B）减小　　　　（C）不变

思路：题目重点"张力"可以联想到健身房的器材，用手拉动。随着训练时间增加，身体体感温度升高。当感觉这个重量对你的张力不断下降时，需要增加重量。

案例 3：毛细液柱高度与（C）成反比。

（A）表面张力系数　　　　（B）接触角
（C）管径　　　　　　　　（D）黏性系数

思路：根据这个题目联想我们吃火锅涮的毛肚。答案"管径"可以联想成我们吃火锅用的筷子。我们夹食物的高度和筷子的长度是成反比的，这样就可以记住这个题目的选项了。

案例 4：层流与湍流的本质区别是（D）。

（A）湍流流速大于层流流速
（B）流动阻力大的为湍流，流动阻力小的为层
（C）层流的雷诺数小于湍流的雷诺数
（D）层流无径向脉动，而湍流有径向脉动

思路：题目中的"层流"和"湍流"联想吃的生日蛋糕（一

层层地流奶油）和用盘子端的菜（盘子里有菜汤流动），生日蛋糕和盘子里的菜的区别就是吃生日蛋糕的时候大家不需要去厨房，而菜需要迈动脚步去厨房端菜。这样就能记住这道题。

案例5： 进行管路中流动计算时，所用到的流速是（D）。

（A）最大速度　　　　　（B）管中心流速

（C）边界流速　　　　　（D）平均流速

思路： 根据题目联想到玩四驱车。四驱车在赛道比赛。评价一辆四驱车好不好，看的是平均速度。

案例6： 研究流体沿程损失系数的是（A）。

（A）尼古拉兹实验　　　（B）雷诺实验

（C）伯努利实验　　　　（D）达西实验

思路： 根据这个题目可以联想到荡秋千（流体沿程损失）的场景。荡秋千你雇人拉你自己（尼古拉兹）。这样你就能记住这个题目了。

对于这些比较抽象的知识点，如果大家想快速记住的话，一定要想办法提升这些材料的辨识度。

> **总结**
>
> 对于单选题，我们可以将知识点转化成图像，利用串
>
> 联故事的方法来进行记忆。

第二节　简答题记忆思路

关于简答题，我们之前分享了很多的案例。对于一些简单的简答题，我们可以使用故事串联法，对于稍微复杂些的简答题，我们可以使用传统的记忆宫殿，其中包含题目定位法、数字定位法、物体定位法等多种方法。如果是非常复杂的简答题，我们可以使用随机的记忆宫殿来进行记忆。

多选题也可以看作是简答题。接下来，我们再列举几个案例来看看简答题该如何快速记忆。

案例 1：备案制项目特征。

①企业基本情况。

②项目名称、建设地点、建设规模、建设内容。

③项目总投资额。

④项目符合产业政策的声明。

思路： 这个简答题的内容不是很多，我们可以用费曼技巧类比成我们买房子的场景，然后串联成故事来记忆。房子预售需要备案。看房子的时候来到售楼处，售楼处的工作人员先给你介绍开发商的基本情况，然后是楼盘的项目名称、建设地点、规模和内容等，等你看好房后会给你介绍买房的金额，也就是总投资额，确定价格后办理贷款，要审核你符不符合贷款的条件。这样就能记住最后一条了。

案例2：王安石变法的主要内容。

青苗法： 在每年二月、五月青黄不接时，由官府给农民贷款、贷粮，每半年取利息二分或三分，分别随夏秋两税归还。

募役法（又称免役法）： 将原来按户轮流服差役，改为由官府雇人承担，不愿服差役的民户则按贫富等级交纳一定数量的钱，称为免役钱。官僚地主也不例外。

方田均税法： 下令全国清丈土地，核实土地所有者，并将土地按土质的好坏分为五等，作为征收田赋的依据。

农田水利法： 鼓励垦荒，兴修水利，费用由当地住户按贫富等级高下出资兴修水利，也可向州县政府贷款。

市易法： 在汴京设置市易司，出钱收购滞销货物，市场短缺时再卖出。

均输法： 设立发运使，掌握东南六路生产情况和政府与宫廷的需要情况，按照"徙贵就贱，用近易远"的原则，统一收购和运输。

思路：根据"王安石"我们可以联想到岸边的石头—岸边的小草—岸边的码头—小船—船夫—竹竿这6个桩子，然后用一个桩子来记忆一条内容。

用岸边的石头记忆青苗法：岸边的石头上很多青苔，上面坐了只猫咪。再记一些内容中的关键部分，猫身体青黄色，带两三份猫粮吃。

用岸边的小草记忆募役法（又称免役法）：小草长在一棵树旁边，大家轮流踩踏，最后政府花钱雇人修剪小草。

用码头记忆方田均税法：码头上员工太累了，放到稻田里都睡着了。睡醒汗湿土地，直到中午一直在等活干。

用小船记忆农田水利法：小船开到农田里，里面有水。农田里有啃庄稼的蝗虫，把它们打进水里。

用船夫记忆市易法：船夫将一块石头打到一只残缺的小鱼上。

用竹竿记忆均输法：竹竿竖立水面用来运输船只，手能够到竹竿。

对于比较复杂的简答题，我们可以采用随机记忆宫殿的方式来进行记忆。

> **总结**
>
> 对于内容少的简答题，我们可以用故事串联法＋费曼类比法来进行记忆，对于内容比较多的简答题，我们可以使用随机记忆宫殿来记忆。

第三节　表格知识记忆思路

如何对表格知识进行记忆呢？思路有两个，第一个思路是将表格的知识转化成文本知识，这样就把表格的记忆变成了前面我们讲到的名词解释或者简答题的记忆；第二个思路是直接记忆，要搭配使用数字编码。

接下来我们通过具体案例来看看，表格类的知识点该如何进行记忆。

案例：厂房的层数和每个防火分区的最大允许建筑面积（节选）。

生产的火灾危险性类别	厂房的耐火等级	最多允许层数	每个防火分区的最大允许建筑面积（单位：m^2）		
			单层厂房	多层厂房	高层厂房
甲	一级 二级	宜采用 单层	4000 3000	3000 2000	— —

续表

生产的火灾危险性类别	厂房的耐火等级	最多允许层数	每个防火分区的最大允许建筑面积（单位：m²）		
			单层厂房	多层厂房	高层厂房
乙	一级	不限	5000	4000	2000
	二级	6层	4000	3000	1500

思路：我们就以这个表格为例，看看表格类的知识点该如何记忆。除了甲、乙两个类别外，还有三个级别，这里我们只记忆前两个级别。我们把每个要记忆的表格按照行列进行编码，从厂房的耐火等级开始记忆，对应第一行第一列和第二行第一列，可以定义为数字11和21，然后用梯子和鳄鱼来记忆一级和二级。可以把"一二"谐音成"婴儿"，联想婴儿爬梯子看见一条鳄鱼。接下来"宜采用单层"用"12椅儿"来记忆，可以联想椅儿上有个单层蛋糕。用"13医生"记忆4000和3000，联想花4天时间用3000元找医生看病。用"14钥匙"记忆3000和2000，联想钥匙三天两次找不到。用"22双胞胎"记忆"不限和6层"，每天遛娃不限次数。用23记忆数字5和4，联想五四青年节去打篮球；用"24闹钟"记忆数字4和3，联想闹钟上有四把小伞。用"25二胡"记忆数字2和15，联想拉二胡要两只手的五指一起拉。这样我们就能把这个表格的内容记下来了。

对于更复杂的表格信息，我们需要利用数字字母对应系统，发散出足够多的数字编码来记忆表格内的知识。

> **总结**
>
> 对于表格的信息记忆，我们可以记住数字编码，使用数字定位法来进行记忆。

第四节　如何记忆一整本书

你或许在电视上看过记忆大师表演抽背、倒背一整本书的情景。他们是怎么做到的？一般人如何做到记忆一整本书呢？本节提供一种能大幅提高记忆效率的方法，即使你无法逐字逐句地将一本书背下来，也能比简单地阅读收获更大。

第一步，制订好背书计划。凡事预则立，不预则废。做好计划是我们成功背书的第一步。看看你要背诵的书籍有多少页，你有多少天的时间复习准备，然后把每天的背书时间规划好，包含每天睡多少小时、上午学习几小时、下午学习几小时。先把这个计划表制订出来，然后在执行的过程中不断调整，直到自己的背书效率和考试目标达成一致。

第二步，先看书本目录，再看每一章里每小节的标题。看目录是梳理整个书的知识脉络，了解这本书到底按照什么结构讲述，讲了什么内容。

第三步，阅读书本核心内容，也可以理解为找关键信息。老师讲课也是将书本的重点知识梳理出来的过程。把具体要记忆的知识点用重点符号标注出来，或者整理到笔记本上。

第四步，具体知识点的记忆。对于整理好的知识点，按照本书讲的方法，选择合适的方法进行记忆。

第五步，复习。对于第四步记忆的知识，按照你的学习计划表，有规律地进行复习，争取做到将书合上，还能把所有的知识都能背出来。

第六步，应用。也可以理解为做题，通过刷题找出自己的薄弱知识点，进行有针对性的二次学习和巩固。

通过上面的六个步骤，我们就可以去记忆所有的专业书籍。选拔性考试要求较高，一般需要从头到尾按步骤阅读专业书；如果是通过性考试，可能不需要看书，直接开始最后一步刷题，就能考过很多证书。

按照上面的背书流程，我们可以把记忆一本书的时间划分为计划时间、阅读分析时间、整理时间、记忆时间、复习时间和应用时间。其中计划时间控制在1天，阅读分析速度控制在4小时整理100页。整理重点的速度控制在4小时整理30~50页。记忆的时间是差别最大的环节，如果大家认真读完本书，至少能达到1小时记忆400~600字的水平。复习时间要占总的记忆时间的1/3~1/2。这样我们就能大概算出，背诵一本书到底需要多少时间了。当然，我们记忆的书籍越多，记忆的效率也会越高，从而形成良性循环。

总结

想要背诵一整本书的内容的朋友，可以按照上面的操作流程自己尝试一下。

第九章
世界记忆锦标赛项目介绍

这一章给大家带来竞技记忆的分享，主要是世界记忆锦标赛的概况和十大比赛项目的介绍。

第一节　世界记忆锦标赛概况

世界记忆力锦标赛（World Memory Championships）是由"世界记忆之父"托尼·博赞于1991年发起，由世界记忆力运动委员会（WMSC）组织的世界最高级别的记忆力赛事。目前，该赛事已经有30多年的历史，已成为世界上最权威的脑力赛事之一。

选手在世界记忆力锦标赛中，如果成绩达到相关要求，分别授予以下"世界记忆大师"称号！

● 国际记忆大师（International Master of Memory，IMM）：

（1）1小时内记住1400个随机数字

（2）1小时内记住至少14副扑克牌

（3）40秒内记住1副扑克牌

（4）达标当年须十个项目都已参赛，且总分达到3000分以上

注：前三项标准都要达到，但三项标准不一定要在同一年达到。

现在的"记忆大师"标准在不断提高，想要拿到这个称号，至少要经过一年的专业训练，才能获得这个称号。

● 特级记忆大师（Grandmaster of Memory，GMM）：

（1）先要达到IMM的要求

（2）在当年的世界赛中获得至少5500分的首五名，且还不是特级记忆大师（GMM）的选手

注：每年只评出五个新的GMM。

• 国际特级记忆大师（International Grandmaster of Memory，IGM）：

在世界赛中获得最少6500分的选手。

注：每年不限名额数量。

以上的考察标准是2020年更新的。世界记忆锦标赛会从下面十个项目来综合考察选手的记忆力、观察力、专注力和想象力，以考查选手的记忆能力为主。比赛会按照选手年龄划分成儿童组、少年组、成人组和老年组。你会看到赛场上有五六岁的孩子和七八十岁的老人同场竞技。人类的记忆能力在任何年龄段都可以得到开发。

世界记忆锦标赛的十大比赛项目和世界纪录（截至2020年8月20日）：

比赛项目	记忆时长	世界纪录
人名头像	15分钟	187个
二进制数字	30分钟	7485个
马拉松数字	60分钟	4620位
抽象图形记忆	15分钟	840个
快速数字	5分钟	616个

续表

比赛项目	记忆时长	世界纪录
虚拟历史事件	5 分钟	154 个
马拉松扑克牌	60 分钟	2530 张
随机词汇	15 分钟	335 个
听记数字	550 秒	547 个
快速扑克牌	5 分钟	13.96 秒

　　上面的表格是目前世界记忆锦标赛的十大比赛项目和世界纪录。光看这个表格是不是觉得非常震撼？其中抽象图形、快速数字和快速扑克牌3个项目是由3位中国选手保持的世界纪录，其余项目是由国外选手保持的纪录。相信大家也非常好奇这10个项目是如何比拼，又是如何记忆的，我们会在接下来的章节给大家分享。

> **总结**
> 世界记忆锦标赛会通过10个项目的比拼来考察选手的记忆能力，而且所有年龄段的选手都可以参加比赛。

第二节　人名头像项目

　　人名头像这个比赛项目主要是让选手记忆头像和人名。这个项目的记忆部分要求如下：

1. 每张不同人物的彩色照片（没有背景的头肩照）下有姓和名。

2. 头像的数目为当前世界纪录基础上加20%。

3. 人名为随机编排，以避免选手从头像的种族得到提示。

4. 人名中包含不同的种族、年龄和性别的头像。其中男女比例为 50∶50，成人和小孩比例为 80∶20，大约1/3的成人会是15~30岁，1/3为31~60岁和61岁以上的长者。

5. 姓和名是随机编排的（例：一个人可能会有欧洲人的姓氏和中国人的名字）。

6. 名字根据性别分配（例：女性名字只会配女性头像）。

7. 在比赛中，每个名字或姓氏只会出现一次。

8. 带有连字符号的名字（如苏–爱伦或巴顿–史密夫）将不会使用，因为在一些地方（如中国）会视为两个名字。

9. 对于用英语作答的选手请注意：中文名字如果是两个字，翻译成英文后会以一个字书写，且当中的第二个字会以大写开头。如建邦，翻译成英文就是KinPong。

10. 对于用英语作答的选手请注意：有些名字或会有重音符号（如ú、é、á、ō、í），但作答时并不需要写上，分数不会因没有重音符号而减少。

11. 地区赛事中不能有任何族群倾向。例：法国赛事中不能只有法国人名字。所有地区和世界纪录如有任何族群倾向，将以0分计。

照片的编排为以下其一：

①每张A4纸中有3行，每行3张照片。

②每张A3纸中有3行，每行5张照片。

③每张A3纸中有4行，每行6张照片。

选手如不使用欧语字母（如中文、阿拉伯文或印地语），可于比赛前最少一个月向组委会提要求，将问卷翻译为其所用的文字。

12. 选手可以使用直尺、笔等文具。

通过上面的描述，可以看出这个项目要求是比较多的，因为全球不同语言的选手，作答的文字不同，所以要求会比较严格，为比赛的公平性做好保障。

在选手记忆完成后，将会有专门的回忆卷进行作答，回忆时需要做到以下几点：

1. 答卷上彩色照片的规格与问卷一样，只是照片顺序会打乱，并且没有姓名。

2. 选手必须清晰地于照片下方写上正确的姓和名。如问卷中有多于一种文字（如英文和简体中文），选手只能选择其中一种文字作答。

3. 最新的答卷中，在每张照片下面会有两条隔开的横线。选手要在第一条横线上写上姓，第二条横线上写上名，不可颠倒或者写在两条横线中间。

人名头像项目的计分方式：

1. 正确的名字得一分。

2. 正确的姓氏得一分。

3. 若只有写上姓氏或名字亦可得分。

4. 问卷上不会有重复的姓氏或名字。同样地，答卷上不应有重复的姓氏或名字。如有姓氏或名字在答卷上重复多于两次，例如，写了三个"马文"，若三个都错，则答卷的分数根据姓氏或名字每个扣0.5分。若其中正确一个，记零分。所以，请选手不要写同一个信息（姓或名）超过三个。

5. 错误填写的姓氏或名字得0分。

6. 姓氏和名字，其次序必须跟问卷的相同。如次序颠倒，便作0分计。

7. 没有姓氏或名字不会倒扣分。

8. 总得分有小数点时，四舍五入。

9. 只用一种语言作答。例：大部分答案为简体中文而又有一些英文的答案，则使用英文作答的部分不得分。

记忆人名与头像的方法非常简单，只有三个步骤：

第一步是找出头像的特点，把这个或这些特点放大、夸张。

第二步是把名字转换为容易记忆的图像。

第三步是把头像特点与名字图像进行紧密的联结，看到头像就想起名字，或看到名字就想起头像。

这个记忆方法跟我们之前学习的配对联想法比较类似。

> **总结**
>
> 人名头像比赛项目需要使用配对联想法将人物头像和
> 名字对应记忆。

第三节　二进制数字项目

二进制项目的记忆内容主要是0和1随机的排列组合，具体要求如下：

1. 计算机随机产生的数字，每页25行，每行30位（即每页750个数字）。

2. 比赛问卷数字的数目为当前世界纪录基础上增加20%。选手如果可以记忆超出世界纪录的20%的数量，可以于比赛一个月前向组委会提出申请，增加数量。

3. 选手可以使用直尺、笔、透明薄膜等文具协助记忆。

回忆部分：

1. 选手的答卷字迹必须清楚。修改时，不要直接将错写的0改为1，或者将错写的1改为0。应该先划掉错误的1或者0，然后在旁边空白处写上正确的0或1。

2. 选手答题时必须按照顺序。如果写错位了或者写漏了要插入，必须清楚地标记，同时在答卷空白处做文字说明。如果修改太多，建议直接举手要求裁判给一张新的答卷作答。

3. 选手可选择以空白格代替"0"，但每页的作答必须一致，若选择以空格代替"0"，则须在最后一行中，做出一个清楚的完结记号，如"stop""end""E""e"或在最后作答的一格后划上一条横线。如没有明确标示，裁判只会以该行最后的一个"1"作为该行的终结。

计分方法：

1. 完全写满并正确的一行得30分。

2. 完全写满但有一个错处（或漏空）的一行得15分。

3. 完全写满但两个错处（或漏空）及以上的一行得0分。

4. 空白行数不会倒扣分。

5. 如最后一行没有写满，且已写数字都正确，则每个数字得1分。若有一个错处（或中间漏空），其所得分数为该行作答数字的数目的一半（如有小数点，采取四舍五入法）。若有两个及以上错处（或漏空）得0分。

关于二进制数字的记忆方法，我们在第五章第九节中已经给大家分享过了，这里就不重复了。

总结

二进制项目需要选手将记忆下的数字，保证高的准确率默写在答卷，对选手记忆的精准度要求很高

第四节　马拉松数字项目

马拉松数字项目是10个项目中最考验记忆持久性的项目，需要选手1个小时的时间记忆，再用2个小时的时间回忆默写。当然，在城市赛和国家赛当中，这个项目分别只记忆15分钟和30分钟。

记忆部分：

1. 计算机随机产生的阿拉伯数字，以每页25行、每行40位排列。

2. 比赛问卷数字的量为当前世界纪录基础上增加20%。选手如果可以超出现规定题量，可以于比赛一个月前向组委会提出申请增加题量。

回忆部分：

1. 选手应使用组委会统一提供的完整清晰的答卷作答，以方便计分。

2. 选手必须将记忆的数字以每行40个的格式写出来，完全写满并正确的一行得40分，完全写满但有一个错处（或漏空）的一行得20分。

3. 完全写满但出现2个及以上错处（或漏空）的一行得0分。

4. 空白行数不扣分。

5. 最后一行没有写满，且已写数字都正确，则每个数字得1

分。若有一个错处（或中间漏空），其所得分数为该行正确作答数字数目的一半（如有小数点，采取四舍五入法）。若有2个及以上错处（或漏空）得0分。

这个项目的记忆方法和我们之前讲的数字记忆方法是一样的，选手主要使用记忆宫殿来进行记忆。如果想要达到记忆大师要求的1400个数字，需要准备350个地点的记忆宫殿。

> **总结**
> 马拉松数字项目是记忆比赛中的"马拉松"，对选手的脑力和体力要求都很高。

第五节　抽象图形项目

抽象图形项目是记忆比赛中最"稳定"的项目，不管是城市赛、国家赛还是世界赛，都是15分钟的记忆时间。这个项目也是中国选手的优势项目。

记忆部分：

1. 每张A4问卷纸中有50个黑白图形，共10行，每行5个。这些图形皆按一定的顺序排列。

2. 每行有5个图形，每行独立计算分数。

3. 图形的数量为当前世界纪录基础上增加20%。选手如果可以超出规定题量，可以于比赛一个月前向组委会提出申请，增加题量。

4. 选手可选择问卷任意一行开始记忆。

5. 重要提示：在该项目的记忆过程中，桌面上不能有任何的书写工具（如圆珠笔或铅笔）、量度工具（如直尺）和额外的纸张。

回忆部分：

1. 答卷的格式跟问卷格式大致一样，内容跟记忆卷的一样，只是每行的5个图形次序不一样。行与行之间的顺序是不变的。

2. 选手须在答卷上每个图形下用1、2、3、4、5写出原来问卷每行中的图形顺序。

计分方法：

1. 每行正确作答的得5分。

2. 答卷中如有一行有遗漏或错误，该行倒扣1分，即得分为 –1。

3. 答卷不作答或空白的行数不扣分。

4. 总分为负数者将以0分计。

抽象图形示例：

抽象图形项目记忆方法:

　　一般的话会分成两种策略,但都是将抽象图形转化成具体图像来进行记忆。第一种方法是观察整体图案来记忆,比如说第一个有水的波纹可以联想成水波,第二个整体图案像冰块(联想的图像因人而异)。第二种方法是观察局部联想成图像来记忆,比如说第三个图案中间有3个小的空白的洞,我就把它联想成煤球,第四个图案左下角有个尖尖的角,我就将它联想成针头。一行有5个抽象图形,我们只需要记住4个,最后一个用排除法就可以。为了防止意外,最后一个也要留意观察下。最后一个抽象图形从整体上看像蛇皮,所以我们可以联想成蛇皮的图像来记忆。选手一般使用地点记忆宫殿,一个地点记忆2个抽象图形,一行5个抽象图形需要用2个地点来记忆。目前主流的使用策略是第二种。

> **总结**
> 抽象图像项目和数字项目记忆原理是一样的,先对抽象图像进行编码,再使用记忆宫殿进行记忆。

第六节　快速数字项目

　　快速数字项目考察选手短时间内的记忆能力,在5分钟的时间内，尽可能多地记忆数字。这个项目有2次比赛机会，选择成绩最好的一轮计入总成绩。

记忆部分：

1. 计算机产生的数字，以每行40位排列。

2. 问卷数字的数目为当前世界纪录基础上增加20%。选手如果可以超出规定题量，可以于比赛一个月前向组委会提出申请，增加数量。

回忆部分：

1. 参赛选手应使用组委会提供的答卷。

2. 参赛选手必须将记忆好的数字以每行40个的格式写出来。

这个项目的计分方法和马拉松数字项目是一样的。这个项目可以说是十个项目中最重要的项目，也是所有选手平时训练最多的项目。这个项目的成绩会直接关系到二进制数字、马拉松数字、马拉松扑克、快速扑克、随机历史事件等项目的成绩，因为这些项目归根到底是考查选手记忆数字的能力。

针对这个项目，我们在训练时要掌握"一遍过"的能力。刚开始我们先训练一行40个数字一遍记忆并默写出来，至少训练到30秒内，然后增加到2行80个数字一遍记忆，3行120个数字一遍记忆。当你的一遍记忆能力提升上来之后，你就拥有了"过目不忘"的能力。当你达到5分钟记忆280~320个随机数字时，你就靠近了"记忆大师"的水平。

快速数字项目的记忆方法就是我们之前讲的数字的记忆方法。这个项目想要拿到好成绩需要大量训练，训练多了水平自然就能提升上来。这就跟我们去健身房健身一样，肌肉越练越发达，大脑记忆数字的能力也是越练越强。

> **总结**
>
> 快速数字项目是10个项目中最重要的项目，其成绩会直接影响到其他项目的成绩。

第七节　虚拟历史事件项目

虚拟历史事件项目需要选手记忆虚拟的事件发生的时间，并在回忆卷中将对应的时间默写出来。

记忆部分：

1. 所有历史事件的年份和事件皆为虚构事件（如2088年地球与火星人签署和平条约）。

2. 历史事件年份位于问卷左方，而所有事件将垂直地排列。所有的事件会随机排列，避免以数字或字母次序排列。

3. 历史事件的年份为1000~2099年，且同一份试卷不会出现同样的四个数字。

4. 问卷的题量为当前世界纪录基础上增加20%。选手如果能记忆更多的历史事件,可以于赛前一个月提出增加题量的申请。

回忆部分:

1. 答卷每页会有40个历史事件。

2. 答卷历史事件的次序跟问卷中的不同。

3. 参赛选手必须将正确的年份写在事件前。

计分方法:

1. 每写一个正确年份得1分,整个年份的4位数字必须正确写上。

2. 每个事件前只可写上一个4位数字的年份,每个错误的年份会倒扣0.5分。

3. 空白行数不会扣分。

4. 总分四舍五入,即45.5分会调高至46分。

5. 如总分为负数者将以0分计。

虚拟历史事件示例:

1	1751	宠物狗参加选美
2	1982	火山喷发引发大逃亡
3	1571	咖啡豆批量生产
4	2003	明星取消电影节
5	1431	第一届全国网络模范评选

虚拟历史事件项目的记忆方法有很多,这里给大家介绍3种主流方法。第一种方法是使用数字编码和历史事件中的关键词串联成故事进行记忆,也是最简单的方法。第二种方法是将数

字10~19这10种情况进行分类，加入"特效"，比如10就是冒烟、11是变长、12是两半、13是镀金、14是破洞、15是变湿、16是变黑、17是变蓝、18是变轻、19是长角，当把第3、第4位的数字变成一个数字编码，并联想成故事来记忆时，就能通过特效同时记住年份的前两位数字。第三种方法是寻找10组记忆宫殿，然后标注成10~19号房间，与10相关的历史年代放在10号房间的某个具体位置上来进行记忆，其他的历史时间也是放在相应的房间内。如果是20以后的历史年代，记忆方法是一样的，用第3、第4位数字对应的数字编码和事件中的关键词串联成故事记忆。

> **总结**
> 虚拟历史事件的记忆方法很多，训练时要找到适合自己的方法。

第八节　马拉松扑克项目

马拉松扑克项目是十个项目中最令人震撼的项目。你会看到比赛现场选手桌子上摆着三四十副扑克，这不是赌场，而是选手要记忆的扑克！选手需要在1小时的时间内，记忆所有扑克牌的顺序，并默写出来。

记忆部分：

1. 选手可使用自备的扑克牌（组委会另有指定的除外）。选手必须保证每副牌为52张，除去大小王，并且提前打乱顺序。

2. 扑克牌必须要用盒子装好，贴上标签，并用橡皮圈绑好。每张标签上都应包括选手姓名和扑克牌记忆的序号，比如某某某第1副，某某某第2副等。

3. 所有扑克牌用结实的袋子装好，在赛场报到处交给裁判保管。袋子也要贴上标签，写上姓名、电话。

回忆部分：

1. 答卷上每页可写两副扑克牌。

2. 参赛选手必须在答卷上清楚标示所写的牌是第几副。

3. 参赛选手必须在不同花色的表格中，按照之前记忆的顺序，清晰地写上每副牌的数字和字母。

4. 注意，有些选手习惯把A、J、Q、K写成1、11、12、13。对此情况，裁判可以算其正确，但是还是建议统一按照国际习惯来书写。

马拉松扑克答卷示意：

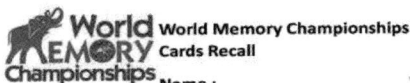

World MEMORY Championships

World Memory Championships
Cards Recall

Name: _____ WMSC ID: _____ Table #: _____

Write the number or letter A(ce), J(ack), Q(ueen), K(ing)

Deck #

计分方法：

1. 完整并正确回忆的一副扑克牌得52分。

2. 如有一个错处（包括漏空）得26分。

3. 两个及以上的错处得0分。

4. 两张次序调换的牌当作两个错处。

5. 如最后一副没有记完，例如，只记了前38张，且全部正确，则得38分。若有一个错处，其得分为正确扑克牌数目的一半分（有小数点则四舍五入）。若有两个及以上的错处得0分。

"世界记忆大师"的要求是728张以上，也就是正确记忆14副牌以上，那么我们记忆17副牌便比较保险了。这个项目是从一副扑克牌的记忆开始训练的。关于扑克牌的记忆方法之前已经给大家分享过了。

> **总结**
>
> 马拉松扑克对准确性要求高，必须先把 1 副牌的记忆训练好，才能训练多副牌。

第九节　随机词语项目

这个项目主要考验选手记忆中文信息的能力。前面分享的很多项目都和记忆数字相关，这个项目则不同，而且对选手记忆的准确性要求很高，错哪怕一个偏旁部首也不可以。

记忆部分：

1. 每张问卷纸有5列，每列有20个词语。当中大约有80%为形象名词，10%为抽象名词，10%为动词。

2. 词语广为人知，从世界公认的字典中选出，基本都符合儿童、青少年和成人选手的认知水平。

3. 词语的数目为当前世界纪录基础上增加20%。选手如果可以超出规定题量，可以于比赛一个月前向组委会提出申请增加数量。

4. 选手可自由选择记忆哪些列，但必须从所选择列的第一个词语开始依次记忆。

回忆部分：

1. 选手必须在提供的答卷上作答，务必保证字迹清晰可认，多用楷书，少用草书，以免增加裁判辨认和评分的难度。

2. 如果中间有漏写的词语，可以把漏写的词语写在旁边的空白处，并用箭头清晰地指明插入位置。

3. 选择中文简体试卷的选手不能用拼音、英语单词或者繁体字作答。

计分方法：

1. 如每列20个词语均正确作答，每个词语将得1分。

2. 如每列20个词语中有一处错误或漏写一个词语，得10分（即20/2）。

3. 如每列20个词语中有两个及以上的错误（或漏写），得0分。

4. 如每列20个词语中有错别字，则错几个扣几分。例如，把"编码"写成"编马"，则扣一分，最后得分为19分。

5. 空白未作答的列不会扣分。

6. 若最后一列没有写完，每个正确回忆的词语得1分。有一处错误或中间漏写一个词，则该列得分为正确回忆的词语数目的一半分。有两处及以上错误（或漏写），则该列得0分。

7. 如果一列中有1个错误的词语和1处错别字，那么该列的计分方式为：满分先除以2，再减去错别字的个数，即20除2得10分，再减1，最后得9分；如果有2个词语写错别字就减2分得8分。

8. 词语错误扣分先于错别字扣分。

9. 总分为每列分数的总和（小数点后四舍五入）。

如何裁定选手是错误还是写错别字？

1. 以下情况属于错误：

"橘子"写成了"桔子"

"橙"写成了"橙子"

"录像"写成了"录相"

虽然选手头脑中记忆的是同一个图像，但是文字的表达方式和试题不一样，这些都算是错误。

2. 以下情况属于错别字：

"录像"写成了"录象"

"编辑"写成了"编缉"

"海鸥"写成了"海欧"

选手头脑中记忆的是同一个图像，且文字的表达方式和试题一样，只是在书写过程中把字的笔画或者偏旁部首写错了，这就当错别字处理。如果遇到有争议的情况，裁判必须上报更高一级的裁判来裁定。

训练方法：

这个项目的训练方法主要有两个。第一个方法是词头故事联结法，每列20个词语，根据个人习惯，串成一个或者两个故事。第二个方法是地点定位法：每个地点记忆2~5个词语，与数字记忆法相同。

> **总结**
> 随机词语项目对记忆准度要求高，千万不能写错字和别字。

第十节　听记数字项目

听记数字项目是10个项目中，我感觉最难的一个项目，在默写时出现错误就停止计分，是对记忆准确性的终极考验。在世界赛时，会进行3轮听记数字项目，取成绩最好的一轮计入总成绩内。

记忆部分：

1. 试题为录音文件每秒播放一个英语数字。在开始念数字前，先会播放A-B-C。当A-B-C播放结束后，开始正式念数字。例如，1、5、4、8等。

2. 在最后一轮，录音中所播出的数字数量是当前世界纪录加上20%。

3. 录音播放期间不可有任何的书写行为。

4. 当参赛选手达到其记忆极限时，必须在其座位上保持安静，直到录音完全播完为止。

5. 如果由于某种原因受到外界的干扰而需暂停播放，裁判会从暂停时间点前已经播放的前5个数字开始重新播放，直至剩余数字读完为止。

回忆部分：

1. 参赛选手须使用组委会提供的答卷作答。

2. 参赛选手必须从头开始，依次写上所听记的数字。

3. 答卷会于记忆开始前放在选手桌下的地上。当录音播放完毕，裁判宣布开始作答时，选手方可捡起地上的答卷作答。

计分方法：

1. 从第一个数字开始算，每正确一个数字得1分。

2. 一旦选手有了第一个错误，即停止计分。例如选手记忆了127个数字，但第43个数字错了，那么得分为42。如选手记忆了200个数字，但第1个数字就错了，得分便为0。

3. 在受到外界干扰的情况下，选手必须先能够正确写出重新播放录音前的所有数字，之后的那些数字才会被计分。

例如：在第一轮的100个数字中，在第47个数字时受到噪音干扰。录音会由第42个数字开始播放直至100个数字结束。在答题时，选手必须正确写上前42个数字，则余下的58个数字才会被计分。

4. 如果干扰来自某位选手，这对其他选手是不公平的。作为处罚，该选手将不能参与其他轮的听记数字比赛。

5. 在比赛中，如果多个选手获得450分，胜出者为其他一轮得分较高者；如其他那轮的得分也一样，胜出者则为余下那轮得分较高者。如那一轮得分还一样，结果为双冠军。

训练方法：和数字记忆方法相同，需要把5分钟快速数字项目的能力提升上来后，再训练听记数字。

> **总结**
> 听记数字考察选手听觉记忆能力，要求过耳成诵。

第十一节　快速扑克项目

这个项目应该是10个项目中观赏性最强的项目，有的选手能在短短20秒内记住一副打乱的扑克牌，可以说是和时间赛跑，分秒必争。

记忆部分：

1. 选手使用自备的四副扑克牌（组委会另有指定的除外），选手必须保证每副牌为52张，除去大小王。用于记忆的

两副要提前打乱，另外两副用于回忆摆牌的可以按照选手喜欢
的顺序排列好。

2. 扑克牌必须用盒子装好，贴上标签，并用橡皮圈绑好。
每张标签上都应包括选手姓名、第几轮、是记忆用还是回忆
用的扑克牌。比如某某某，第1轮，记忆；某某某，第1轮，回
忆等。

3. 四副扑克牌要用结实的袋子装好，在赛场报到处交给裁
判保管。袋子上也要贴上标签，写上姓名、电话。

4. 对于能在5分钟内记下一副完整扑克牌的选手，必须自备
组委会认可品牌的魔方计时器。同时，组委会会安排一个裁判
员检查计时器，监督选手整个快速扑克的记忆和回忆过程。

5. 选手可于5分钟内的任何时候开始记忆。例如，当主裁判
喊"开始"后，选手可以不用马上开始记忆。但是，当主裁判
喊"停止"时，所有选手必须停止，并双手快速、但要轻盈地
停止魔方计时器。

6. 扑克牌可以多次记忆，每次可记忆多张牌。但要注意，
如果选手记忆结束，并已经停止了自己的魔方计时器，然后又
重新拿起扑克牌记忆，那么，他的记忆时间统一记为5分钟。

7. 扑克牌必须在裁判视野范围内，即手必须高于桌子，不
能放在大腿上记忆。

8. 在主裁判喊"开始"前的10秒内，选手才可以抓住扑克
牌并准备好计时动作。

9. 选手如果在记忆的过程中擅自调整裁判之前洗好的扑克牌的顺序，属于违规行为，该轮成绩做0分处理。

10. 裁判未宣布5分钟的记忆时间结束，选手绝不能开始排列扑克牌。

回忆部分：

1. 记忆完成后，裁判把选手回忆的扑克牌放在选手面前。只有当主裁判喊"开始"后，选手才可以回忆摆牌。

2. 选手需将第二副扑克牌排列成已记忆的扑克牌的顺序。

3. 当5分钟回忆时间到，选手必须停止摆牌。

计分方法：

1. 裁判会按照和选手在记忆之前约定的顺序，从选手记忆的第一张开始对牌。两副扑克牌逐张比较，当出现不一样，即错误时，停止对牌。裁判在答题卡上记录选手正确的牌数。后面的扑克牌对多少张、错多少张都不计入成绩。

2. 在最短的时间内准确地记下52张扑克牌的选手为冠军。

3. 如果选手正确的扑克牌数少于52张，其记忆时间统一记录为5分钟，即300秒，而所得分数为$c/52$分，当中c是正确回忆的扑克牌数目。

4. 选手最终成绩为两轮中的最佳成绩。

5. 如出现相同分数，另一轮得分较高者获胜。

记忆方法：这个项目的记忆方法，就是我们之前提到的扑克牌的记忆方法。这个项目对选手的瞬时记忆能力要求非常高。

　　看到这里，我们已经把10个项目的项目介绍、项目规则、记忆方法都介绍完了。如果你也有想法，想成为"记忆大师"的话，那就行动起来吧，也许你就是下一个"世界记忆大师"！

总结

快速扑克牌要求我们又快又准地记忆一副完整的扑克牌，并用另一副扑克牌摆牌复原成我们记忆时的牌。

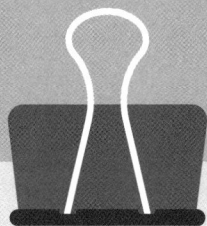

第十章
各种训练问题汇总

这一章给大家分享在训练记忆方法过程中，会遇到的各种问题，以及相应的解答，防止大家踩坑、走弯路。

第一节　提升记忆效率的底层逻辑

关于记忆，我们要解决的问题有3个。第一个是如何记忆得更快？第二个是如何记得更牢？第三个是如何记忆得更多？这3个问题，我们得一个个来分析。

如何记忆得更快的问题可以转化成我们对于什么材料记忆得更快的问题。一般我们在看电视、电影等带有图像的信息的时候，大脑就会记忆得更快。所以我们可以得出一个比较容易达成共识的结论，就是记忆材料的辨识度决定了我们的记忆速度。

对于这个结论，相信大家都不会有异议。这个结论告诉我们，背诵密密麻麻的文字、字母、数字不如记忆图片或者其他辨识度比较高的材料容易。比如一些有逻辑性的、容易理解的材料，我们都可以理解为辨识度比较高。

接下来是第二个问题：如何才能记忆得更牢固？这个跟我们的用脑量有关，用脑量越大，记忆就越牢固。你不相信这个结论也没关系，我带你回忆下，以前你是否遇到过无论如何都想不通的数学题？当你终于把它解出来后，我相信你一定忘不了！

这种情况就是由于你在做困难的题目时用脑量更大。

　　除此之外，为什么一些情侣在分手的时候会很伤心、很痛苦？一个重要的原因就是他（她）在另一半身上投入的精力非常多，他（她）很难忘记共同的一些经历。

　　第三个问题：如何记忆得更多？这就需要我们在记忆的时候避免产生混乱，也就是我们在回忆的时候回忆导向要够精准才可以。"记忆宫殿"正是由于实现了这一点，才让记忆量得以增加。当然，使用记忆宫殿不是扩大记忆容量的唯一方法，但它是最重要的方法之一。

　　综上所述，想要提升记忆效率，其底层逻辑就是记有逻辑、容易理解的材料，花费更多的脑力，并使用更精准的记忆方法。具体来说，就是将记忆材料转化成具体、夸张的图像，固定在记忆宫殿的桩子上，并为它们匹配相应的故事情节！

总结

在训练中如果感觉自己记得慢，记得不牢，你应该自己找出原因。

第二节　学习记忆方法真的能提升记忆力吗

　　很多学习和了解记忆方法的人都天真地认为，只要学习了记忆方法，自己的记忆力就能提升了，或者自己年纪大了，学

点记忆方法就能提升自己的记忆力了。现在正在看书的你肯定
也想通过这本书来提升自己的记忆力，事实真是这样吗？

如果说学习记忆法就能提升记忆力的话，那"记忆大师"
岂不是都应该过目不忘，拥有一目十行的能力？但现实情况是
记忆大师也是普通人，如果不去刻意地记忆的话也记不住。

我们认为的记忆力其实大部分指的是机械记忆的能力，这
种能力随着年龄的增长确实会有所下降，这就是为什么小孩子
学东西学得快。但是年龄大了之后，我们的理解能力可能会提
升上来，所以这是一个此消彼长的过程。我们应取长补短，扬
长避短，运用不断增加的人生阅历来帮助自己更好地记忆。

此外，我们要充分开发和利用右脑的图像记忆，因为它的
效率要远高于机械记忆。当我们把要记忆的材料转化成图像来
记忆的时候，我们的记忆效率就会得到明显的提高，但是我们
本质的记忆能力没有得到根本的改变。所以学习记忆方法并不
是提升了你的记忆力，而是挖掘了你的大脑潜能，转变了记忆
材料的形态，让你充分调动你的长时记忆。

所以学习记忆方法的目的是掌握记忆的原理，在记忆的过
程中满足记忆的原则，这样可以提升我们的记忆效率。

总结

学习记忆方法并不能直接提升记忆力，而是让你明白
记忆原理后，提升记忆效率。

第三节　学习记忆法的常见误区

误区一：记忆信息就是编故事

在记忆过程中我们能记住，是因为我们提高了材料的辨识度，如果只是简单地把词语连词成句的话是没有明显记忆效果的。这种误区在记单词的时候尤为明显。

比如"bitter痛苦的"这个单词，很多学过记忆法的人可能会这样拆分，"bi笔+tt两只鞋+er儿子"，笔塞进两只鞋儿子很痛苦。这只是把拆分的模块简单联系起来。我们更应该突出单词的意思。比如想到一对夫妻闹离婚，男方要求太太把儿子给他抚养，太太很痛苦。这样我们可以把单词拆成"bi逼+tt太太+er儿子"，逼太太把儿子交给我，太太很痛苦。由于这样拆分逻辑性更强，我们记忆起来会更加简单。

误区二：故事越荒诞越好记

很多记忆讲师都会说联想的故事越荒诞越容易记忆，所以他们在拆分单词的时候比较随意，拆分完以后简单拼凑在一起就能记住。说实话肯定是能够记住，但是如果想一天记忆100个单词，而且都是这些荒诞的故事，那耗费的脑力甚至多于机械记忆。

编一个离奇的故事并不困难，但是要编一个逻辑关系强、将记忆内容串联在其中的故事却并不容易。比如"altitude海拔高度"这个单词，我们可以这样拆分，"al阿狸+titude剃秃的"，阿狸去理发剃秃的，所以海拔高度下降了。这样我们就能够达到一种更好的不记而记的效果，即不想记也能在不知不觉中记住。是不是很炫酷？

误区三：用了记忆法以后就是纯图像记忆，不用理解了

这个观点也是不对的。我们记忆是否容易，是跟材料的辨识度相关的。有的时候，虽然我们没有转化出图像，但是材料刺激了我们的情感，那么也可以快速记忆。

在记忆任何信息前我们都是要理解的。如果我们能够理解材料，那再用记忆法记忆的时候就如虎添翼了，效果会更好。

误区四：用了记忆法以后就不再需要机械记忆了

其实最高效的记忆方法是图像记忆+逻辑记忆+机械记忆，把这三者有机结合在一起，会产生非常强大的"化学"反应。

比如"admire羡慕"，可以想到有些明星穿限量版的阿迪（阿迪达斯）鞋子，令人羡慕。也可以拆分成"ad阿迪+mi米+re热门"，阿迪专卖店排队好几米，为了买热门的鞋子，抢到了就很羡慕。这个拆分并没有把每一部分转化成图像，但是也可以记住。

误区五：记忆法就是转化、转化、再转化

很多人觉得记忆法就是一字不差地将每个字转换成图像，然后借助记忆宫殿或者故事联想法串联在一起。在记忆之前要先判断你记忆的是什么材料，如果是记忆问答题，先通过熟读压缩材料，然后把关键信息转化，选择方法进行记忆，而不是

把每个字都转化成图像。

> **总结**
> 在记忆法学习过程中大家一定要及时反思，这样你才
> 能从记忆法中真正受益。

第四节　零基础如何学习记忆法

我是小白，没有基础该如何训练记忆方法呢？我马上就要
考试了，有大量的材料要记忆，有没有好的方法推荐？我想成
为记忆大师，如何一步一步训练？

说实话，这些问题都非常庞大，每一个问题可能都需要用
一整本书来论述。如果你从头到尾看完了这本书，那么你已经
掌握了一定的高效记忆原理的方法。但如果你只是随意地翻开
了这一篇，那么不如看看我总结的"速成"方法吧！

实用记忆的记忆环节无非有下面这些：

第一步：整理。整理的意思就是对你要记忆的材料进行理
解，然后化繁为简，找到其中的核心和关键内容。这个过程主
要是考察你的理解能力和整理能力。

第二步：转化。转化主要是指将上一步你找到的关键内容
转化成图像，或者其他容易理解的生活场景或经验。

第三步：联结。尽量用有逻辑的故事将第二步转化的图像联结起来，将这些零散的图像组成一个有机的整体。

第四步：定桩。这一步不是每次都能用得到，如果你记忆的材料比较复杂、比较长，就需要使用记忆宫殿来定桩；如果你记忆的内容比较简短，那么不定桩也是可以的。记忆宫殿分为固定型记忆宫殿和随机型记忆宫殿。

第五步：复习。即使使用记忆方法来记忆，遗忘也是会发生的，只不过速度要比机械记忆后慢得多。所有的记忆讲师都会强调复习的重要性。我想你一定听说过艾宾浩斯遗忘曲线，但是现实中极少人能够完全按照这一规律去复习。为什么呢？因为其实并不需要复习那么多次，我们一样可以达到较好的记忆效果。因此，虽然艾宾浩斯复习方法是一种优秀的方法，但是一般情况下大家一周复习3~5遍即可。建议大家根据自己的情况和学习的材料选择合适自己的复习策略。

一个反常识的观点是，学习记忆法最快的方法是阅读一本专门讲述记忆法的书，并且按照书中的方法练习。一些人期待看一些视频，比如网课、短视频等来学习记忆法，虽然似乎学到了不少碎片化的知识，但是难以形成知识体系。其实，阅读的速度要远快于听别人讲述的速度。读一本书，如果速度快，只需要3个小时；如果速度慢，可能需要3天。但是，等一个老师更新网课，可能3个星期才能上完一个单元，3个月才略有小成。而这种分散的知识输入的效果如何呢？通常是在上最后一节课的时候，第一节课的内容已经忘干净了。

对于小白来说，通过阅读一本专门讲述记忆法的书来入门也是最轻松和最快捷的。即使在阅读结束的那一刻没有完全领会，也可以不断地重复阅读，做书中提到的练习。

对于即将要考试的同学来说，花费3个月到1年的时间来练习记忆法是不现实的。因此，你可以先粗略地翻阅记忆法的书，了解记忆的本质和原理，然后以考试材料为实战练习的材料，运用记忆方法进行记忆。即使你只学到了10%的记忆法的窍门，也要比死记硬背来得有效率。此外，这里提供一种记忆法的补充——听记法。

相信大家都曾听说过"睡前听英语"的建议，听记法就是将这一建议扩大到学习的其他方面。你可以将需要记忆的关键词录成音频，不断地在耳边播放，这也有助于你的记忆。当然，这只是辅助，重要的还是理解+重复。

对于想要成为记忆大师的读者，这本书的帮助可能比较小。但这并不是因为这本书不够专业，而是因为相比教给你方法，练习要更加重要。随着竞技记忆热度的上升，获得"世界记忆大师"称号的难度也在增大，一般来说，一位选手需要一年的练习才能达到足够的水平。如果你也想成为世界记忆大师，那么不妨从现在就开始练习吧！

总结

想要从零基础开始学习记忆法，就要想办法掌握五个步骤。

后　记

　　恭喜大家成功阅读完本书！相信通过本次的阅读之旅，你一定收获满满，对于大脑的记忆力也有了全新的认知，并且想要将书里讲解的方法运用到自己的学习当中。

　　其实每个人的记忆力随着年龄的增长都会有所衰退，这个不会随着你学习记忆方法而改变。随着年龄的增长，你会感觉动脑子的时候，转起来就不如年轻时快了。不过当你掌握一些记忆方法以后，你的记忆能力确实要比没有学过方法的人强一些，这是因为人除了机械记忆以外，还有图像记忆、情感记忆、逻辑理解记忆等，虽然你的机械记忆能力随着年龄的增长在不断地下降，但是记忆方法会帮助你把其他方面的记忆能力提高。

　　有很多人都想通过学习记忆方法拥有过目不忘的能力，这是非常不切实际的，但是你学了这个方法以后，绝对会大幅提高学习效率。我们都知道，记忆力很大程度上决定了学习力，当你有一个很好的记忆能力时，学习能力自然就会提升。

　　学习记忆方法归根到底是对能力和技巧的提升。只有当你反复地去运用实践这些方法以后，你的记忆能力才会慢慢地提高，而不是说你了解了这个方法以后就能够立即提高你的记忆

能力。了解不代表掌握。只有你真正掌握了这些方法，才能够
提高你的记忆能力。学习任何的技能都有一个周期，只有完成
这个学习周期以后，你的记忆能力才能有一个质变。

　　学习记忆方法没有捷径，唯手熟耳。希望大家通过本书的
阅读，找到提升记忆效率的答案。